读客经管文库

长期投资自己，就看读客经管。

只要一直笑，运气就会一直好

[日]吉井雅之 著

白 娜 译

文匯出版社

图书在版编目（CIP）数据

只要一直笑，运气就会一直好 /（日）吉井雅之著；白娜译. —— 上海：文汇出版社，2024.6
ISBN 978-7-5496-4248-9

Ⅰ.①只… Ⅱ.①吉… ②白… Ⅲ.①情绪－自我控制－通俗读物 Ⅳ.①B842.6-49

中国国家版本馆CIP数据核字(2024)第078789号

SHIGOTO GA DEKIRU HITO NI NARU SHIKO SHUKAN
by Masashi Yoshii
Copyright © 2023 Masashi Yoshii
Original Japanese edition published by Daiwashobo Co., Ltd
All rights reserved
Chinese (in Simplified character only) translation copyright © 2024 by Dook Media Group Limited
Chinese (in Simplified character only) translation rights arranged with Daiwashobo Co., Ltd through BARDON CHINESE CREATIVE AGENCY LIMITED, HONG KONG.

中文版权 © 2024 读客文化股份有限公司
经授权，读客文化股份有限公司拥有本书的中文（简体）版权
著作权合同登记号：09-2024-0279

只要一直笑，运气就会一直好

作　　者 ／ ［日］吉井雅之
译　　者 ／ 白　娜

责任编辑 ／ 邱奕霖
特约编辑 ／ 郭　景　　洪　刚　　张　萌
封面设计 ／ 江冉滢

出版发行 ／ 文匯出版社
　　　　　　上海市威海路755号
　　　　　　（邮政编码200041）

经　　销 ／ 全国新华书店
印刷装订 ／ 天津盛辉印刷有限公司
版　　次 ／ 2024年6月第1版
印　　次 ／ 2024年6月第1次印刷
开　　本 ／ 880mm×1230mm　1/32
字　　数 ／ 179千字
印　　张 ／ 7.25

ISBN 978-7-5496-4248-9
定　　价 ／ 49.90元

侵权必究
装订质量问题，请致电010-87681002（免费更换，邮寄到付）

写在前面的话
好的习惯是成功的开始

非常感谢大家能够选择本书。

我叫吉井雅之,是一名经营管理顾问,同时也是一名习惯养成顾问。我在从业的30年间为企业提供经营管理、人才培养、教育培训等各类咨询服务。

首先,我想强调的是,这个世界上其实并没有所谓的"工作能力强的人"和"工作能力不强的人"。

当代社会的风云变幻让人应接不暇,随着时代的变化,人们的价值观也变得更加多元化。

回想过去,那时,只要我们朝着正确的方向积极发挥主动性,就能成为他人口中的"精英""人才",而这些做法、理念放到当今社会却只会被贴上"过时""老套"的标签。时代已经不同了,作为一名职场人,我们必须发挥各自的主动性,才能够从容地应对各种不同的情形。

大家是否已经认识并理解当今社会的这种"新变化"了呢?

我们可以试着将大脑比作计算机。据说,一个人的大脑的处理能力相当于10万台计算机。但是,这台"超级计算机"本身的能力又有多少是可以被真正展现出来的呢?想必这个问题的答案因人而异。不知道大家有没有发现一个很不可思议的现象:同一个团队的所有成员都用着相同的名片,接受着相同的培训、研修,可工作中取得的成绩、处理问题的结果却大不相同。有的人能够最大限度地发挥自己的能力，一步一步实现自己的梦想；相反，有的人费尽九牛二虎之力，却毫无收获，始终无法在职场中崭露头角；更有甚者，一心想着努力奋斗，可好像总是不得要领，结果，本有可能凭借自身才能大放异彩的人却被可惜地埋没了。

事实上，==这不过是在大家做出成绩后，由周围的人得出的"能手"抑或"庸才"的结论而已==。这种差距并不是由大脑本身造成的，换句话说，这并不是计算机硬件上的差距，==只是大脑里运行的"软件"有所不同==。

"工作能力强的人"之所以会工作，正是因为他们的大脑里运行着"可以走向成功的习惯软件""能够成为精英的习惯软件"。相反，普通人的大脑里运行的是"不能成功的习惯软件""泛泛之辈的习惯软件"。这样的人，无论他们多么努力，也只是平凡的普通人。如果把一个人的大脑看作一台超级计算机，那么我们每个人配备的计算机硬件，甚至每个零件和构造都是一样的，关键在于这台计算机运行着什么样的软件。

我们拥有什么样的理念、价值观，以及如何思考问题，恰恰取决于这一软件。好比两台容量相同的机器，即使硬件配置完全相同，但若是==运行的软件不同，它们所具备的能力也就大不相同，这样自然会形成两个截然不同的大脑==。

这个世界上的人，本就无法过一模一样的人生。有的人在自己的岗位上兢兢业业、精益求精，成了可以改变日本，甚至撼动未来世界的成功人士；有的人选择按照自己的节奏，一步一步积累经验；但同时，也有人选择"躺平"，每天只是按部就班地完成上级安排的工作；甚至有人亲手葬送了自己的人生。

重要的是，所有人的硬件都是相同的，只是每个人大脑里运行的

"习惯软件"有所不同。我们与精英的区别仅在于大脑中运行的"习惯软件"不同。

本书立足于"思维习惯",除了聚焦"工作能力强的人"的思维习惯,还将有所延伸,教会大家如何拥有丰富多彩的人生,以及如何才能"从容地度过一生"。正是过去的每一种行为和每一次思考的积累、沉淀,才造就了此刻的我们。所以,<mark>只要改变习惯,我们的人生就会随之改变</mark>。我也期待大家能够朝着自己的梦想和理想中未来的方向努力,慢慢改变自己的习惯,哪怕只是微小的改变,你也必将会收获意想不到的结果。

倘若大家在读过本书之后能够有所收获,进而掌握"工作能力强的人都有的思维习惯",那将是我无上的成就和光荣。

习惯养成顾问　吉井雅之

目录

写在前面的话 —————————————————————— 1

序 章 | 为什么小习惯能决定我们的命运?

01 "习惯"造就了今天的你,而非"能力" ———————— 002
人与人之间没有能力上的高低,有的只是习惯的不同

02 "坚持"本身就有意义 ——————————————— 004
让习惯产生的效果具象化

03 依次完成当下的"小目标" ———————————— 006
习惯的养成需要更加注重"质量",而非"数量"

04 首先养成言出必行的习惯 ————————————— 008
边行动边思考

05 不要跟别人攀比,只做比昨天更好的自己 —————— 010
未来掌握在自己手中

方法 ① 无意识的重复造就你的生活方式 ———————— 012

第一章 | 理解大脑结构,让你更好地养成小习惯

06 理解并利用"大脑的特性" ————————————— 014
不积跬步,无以至千里

07 你所说的语言决定了你的大脑 ———————————— 016
坚定地使用肯定性的表达

08 让大脑记住什么是"最佳状态" ——————————— 018
做好表情管理和行为管理

09 养成化危机为机遇的习惯 ————————————— 020
将所有经历都看作机会并心怀感恩

10 时刻牢记"自己想要什么" ————————————— 022
努力缩小现实和目标的差距

11 思考"快乐的事",而非"应该做的事" ——————— 024
与其"思前想后",不如尝试变得"不顾后果"

12 不要一味地"追求完美" ————————————— 026
执行力比追求"完美"更重要

方法 ② 学会将"意料之外"看作"意料之中" —————— 028

第二章 | 任何人都可以掌握的习惯养成术

13 先从"小习惯"开始做 ——————————————— 030
从"谁都能做到的事"做起

14 "先动起来"具有非常重大的意义 ——————————— 032
重新审视过去的自己,并做出改变

15 建立有助于坚持习惯的"机制" ——————————— 034
可以轻松坚持习惯的方法

16 快速失败,经常失败 ——————————————— 036
半途而废的经历也会成为"宝贵经验"

17 同步确定"上一个习惯" ————————————— 038
有意识地关注"上一个习惯"

18 早起后启动心情的发动机 ————————————— 040
调动一整天的积极性

19 能够坚持习惯的人都具有这些特征 ————————— 042
明确描绘理想和目标

方法③ "瓶颈"不过是自己给自己设的坎儿 ————————— 044

第三章 | 这种思维习惯可以提升工作能力

20 自我成长没有"标准答案",更没有"终点" ——————— 046
踏实积累眼下的工作

21 人类的两个欲望 ———————————————— 048
有意识地向着目标奋力拼搏

22 决定才能高低和合适与否的并不是你自己 ——————— 050
不去挑战,你就无法准确地认识自己

23 进步和成长的秘诀在于"有担当" —————————— 052
拥有主动担当的意识是至关重要的

24 工作的"原理原则"是什么? ———————————— 054
工作时要下真功夫

25 把"突破极限"视为成长的机遇 —————————— 056
能力的提升始于危机

26 "充足的准备"让你拥有自信 ———————————— 058
排除任何可能成为借口的因素

| 27 | "手写"的习惯有助于梳理思绪和工作 —— 060
借助"笔记"强化记忆,梳理思绪

| 28 | 健康的身心是工作的基石 —— 062
要在内心树立自己的基本原则

| 29 | 有潜力的人都有哪些共同点? —— 064
以"正向思维"为目标

| 30 | 锻炼思考能力 —— 066
自主思考,走自己的路

| 31 | 没有任何一件事是"与我无关"的 —— 068
时刻保持"同伴意识"

方法 ④ 让自己始终保持"新鲜" —— 070

第四章 | 不断成长的人这样培养习惯

| 32 | 解决课题,无限接近"理想中的自己" —— 072
缩小"理想"和"现实"之间的差距

| 33 | 只有"付诸实践",学习才有意义 —— 074
从学习和实践中找出新的发现

| 34 | 丢掉"过去的记忆"和"主观臆断" —— 076
抛弃成见和定式思维

| 35 | 养成"投资"自己的习惯 —— 078
投资"时间"和"距离"才能拉开自己和别人的差距

| 36 | 生活需要"自信",而非"他信" —— 080
怎样才能"相信自己"?

| 37 | "好的错觉"能为实践服务 —— 082
你的自信不需要任何根据

| 38 | 不要给自己设限 —— 084
极限的尽头是无限种可能

| 39 | 和别人比较没有任何意义 —— 086
下定决心——我要先进步

| 40 | 不需要隐藏自己的弱点 —— 088
接纳自己的弱点,让自己变得更强大

| 41 | 什么是无形的"顶级能力"? —— 090
让面前的人感到快乐

III

42	"睡前的一句话"让大脑变得清晰 —— 092
	给大脑做大扫除

方法 ⑤ 每天早晨的"寒暄"助你交好运 —— 094

第五章 |"有所成就"的人在用的思维技巧

43	"工作能力强的人"的共同点是什么？—— 096
	做你该做的事
44	要想实现目标，就要考虑什么是必不可少的 —— 098
	要对结果抱有使命感
45	相信直觉 —— 100
	倾听自己的心声
46	把工作看作一场有趣的游戏 —— 102
	在工作中寻找乐趣
47	拓展视野，提高站位 —— 104
	保持"站在所有人的视角看问题"的习惯
48	养成在对话中加入数字的习惯 —— 106
	用数字表示期限和现状
49	关键在于思考，而非苦恼 —— 108
	比起发泄情绪，不如注重理性思考
50	志不立，天下无可成之事 —— 110
	选择能为更多人做出贡献的那一边
51	有所成就的人都是"能下定决心的人" —— 112
	明确"终点在哪儿？"
52	成功的捷径就是不断重复失败 —— 114
	失败也是可遇不可求的机会
53	整理桌子，减少"杂音" —— 116
	"工作能力强的人"往往擅长"断舍离"
54	带着信念工作 —— 118
	工作中需要有坚定的信念

方法 ⑥ 养成"面对事实"的习惯 —— 120

第六章 |"人际关系"可以改变你的一生

55 和那些能让你拥有正能量的人相处 —— 122
你的人际圈决定了你的人生

56 环境造就人 —— 124
关键在于"你是什么样的人"

57 身边有这种人,应该尽快远离 —— 126
忽略那些"放弃人生的人"所发出的杂音

58 身边的人是你的一面镜子 —— 128
只有改变自己,才能改变别人

59 不要评判别人 —— 130
不要带着评判的眼光看待他人

60 不以个人喜好看待人际关系 —— 132
过度在意个人好恶只会阻碍你的成长

61 机遇总是眷顾那些敢于道歉的人 —— 134
承认自己的错误并敢于道歉

62 养成"多下一点儿功夫"的习惯可以带来好运 —— 136
机会和好运都是身边的人带给你的

63 养成"认真听别人讲话"的习惯 —— 138
把焦点放在对方关心的事情上

64 如何克服意志消沉? —— 140
打起精神的方法

65 不懂感恩的人无法收获真正的幸福 —— 142
感恩源自行动

66 成为"不错的人"的秘诀在于微笑和握手 —— 144
养成时刻面带微笑的习惯

67 学会不一意孤行,谦虚地听取别人的意见 —— 146
思考"如何才能做得更好"

68 把焦点放在自己之外的人身上 —— 148
将关怀落到实际行动上

方法 ⑦ 永远不要遗忘你生命中重要的人 —— 150

第七章 | 这样的思维习惯能让你拥有领导能力

69 首先要意识到共同的目的 —— 152
领导者需要对理念和目标做到"率先垂范"

70 人才培养的基本在于榜样、信任和支持 —— 154
人才培养的三大支柱

71 不要总想着改变别人,自己要有所改变 —— 156
自我的成长

72 单凭技巧是无法培养人才的 —— 158
只有"人"能培养人才

73 关键在于如何激发身边人的潜力 —— 160
养成时时对话的习惯

74 沟通的诀窍在于"倾听" —— 162
听别人讲话时,要考虑对方的心情

75 谈话是支援活动而非指导活动 —— 164
通过单独谈话激发对方的积极性

76 "讨人嫌的上司"的共同特征 —— 166
领导者的一言一行要符合当今时代的潮流

77 "感动力"能够打动别人 —— 168
感动是会传染的

方法⑧ 心想事则成? —— 170

第八章 | 如何成为企业青睐的人才

78 社会上有四种"人才" —— 172
为公司提供远高于工资的价值

79 企业需要"独立型人才" —— 174
有执行力的人就是"工作能力强的人"

80 成为"独立型人才"的五个关键词① —— 176
自我依赖

81 成为"独立型人才"的五个关键词② —— 178
自我管理

82 成为"独立型人才"的五个关键词③ —— 180
自身原因

| 83 | 成为"独立型人才"的五个关键词④ ———— 182
自我评价

| 84 | 成为"独立型人才"的五个关键词⑤ ———— 184
他人支援

| 85 | 不要墨守成规，总是执着于过去的成功经验 ———— 186
自我激励

| 86 | 努力提升"自我认知" ———— 188
改变自我认知

| 87 | 比起方法，"工作能力强的人"更关注目的 ———— 190
明确"接下来自己能做些什么"

| 88 | 在实践中寻找"正确答案" ———— 192
面对问题，做一个雷厉风行的行动派

方法⑨ 总是把"反正"挂在嘴边，你将一事无成 ———— 194

最终章 | 每一天都是新的开始

| 89 | 描绘理想中的自己 ———— 196
自由地描绘理想中的自己

| 90 | 人生需要设定高远的目标 ———— 198
设定一个你为之心潮澎湃的目标

| 91 | 让梦想走向行动 ———— 200
实践"实现梦想所需的行动"

| 92 | 开拓自己的新领域 ———— 202
新的遇见打破你内心的条条框框

| 93 | 不拘泥于"和别人相同的做法" ———— 204
选择方法时要以目的为导向

| 94 | 设立自己的标准 ———— 206
只要做好充分的准备就不会焦虑

| 95 | 人只会为没做过的事而后悔 ———— 208
用自己的双手改变人生

| 96 | 做好这5件事，助你改变人生 ———— 210
自我教育

参考文献 ———— 213

序章

为什么小习惯能决定我们的命运？

今天的我们，不过是过往无数次的思考和重复所形成的"结果"而已。所以，要变为强者，我们就需要有意识地养成一些习惯，通过养成良好的习惯，从容应对各种烦恼和问题。

01 "习惯"造就了今天的你，而非"能力"

人与人之间没有能力上的高低，有的只是习惯的不同

"能力"是通过后天学习获得的

我经常会在演讲或研讨会上告诉听众："人与人之间没有能力上的高低，有的只是习惯的不同。"==今天的我们，不过是过往无数次的思考和重复所形成的"结果"而已==。也就是说，一个人的"能力"并不是与生俱来的，而是通过后天的学习获得的。更准确地说，能力是在日复一日的工作、生活中自然而然掌握的。

的确，或许真的存在所谓的天生的"智能指数""运动神经"。但是，在学习、工作等普通的日常生活中，日复一日的重复（习惯）所产生的影响远大于这些与生俱来的"天赋"。

我的老师，同时也是日本印象训练研究指导的先锋西田文郎先生曾说过："成功取决于'习惯'而非'才能'。"除此之外，西田先生还说过，==在众多的习惯当中，最重要的是"正向思维"和"比别人多努力一点点"==。

关键在于在日常生活中不断积累

到目前为止，我作为一名习惯养成顾问，接触过各种各样的人，但是说实话，我至今仍为西田先生口中有关习惯的"正确性"而感到惊讶和佩服。确实有很多人，通过在日常生活中的不断积累，在1年后、3年后、5年后发生了翻天覆地的变化，渐渐活成了自己理想中的样子。

比如，有人决心"每天必须拨打10通电话预约客户"，并坚持了一整年，结果获得了门店销售冠军的称号。

还有人决心"充满诚意地给新接触到的客户发邮件"，而长期坚持这一习惯，使他的客户回头率、转介绍率都做到了公司第一。

过去的习惯成就了今天的你

在日常工作中，如果出现了"我恐怕不行""不想干这个活儿"等负面情绪，我们首先要做的是调整情绪，学会采取类似于"我可以""这个活儿好像很有意思"之类的"正向思维"，然后就是坚持"比别人多努力一点点"。仅凭这两个习惯，就能帮你打开成功的大门。

也许有人会说："你说的我都明白，可到底应该怎么做才好呢？没关系，我会在接下来的章节里简明扼要地向大家介绍实践的具体方法。

今天的你，是由过去的言行、思维等习惯积累塑造而成的。

换言之，今后的行为不断重复、积累，同时发挥习惯的积极作用，就一定能改变你的未来。

point

① "正向思维"+"比别人多努力一点点"。
② 只要养成这2个习惯，就能改变人生。

02 "坚持"本身就有意义
让习惯产生的效果具象化

这样思考就能坚持习惯

经常会有人问我："下定决心要做的事,如何才能一直坚持下去?"

倘若你也有相同的疑问,那么请先问问自己:"如果我能养成一个可以坚持很久的习惯,那么这将会对我产生什么样的效果呢?"

我希望你能够尽可能将这个问题的答案具象化。

比如,试想一下,如果你能够养成充分利用通勤时间,每天在电车上读书 30 分钟的习惯,那么将会产生什么样的效果呢?

我们可以简单计算一下,如果一年有 240 个工作日,那么我们可以读书的时间就是 30 分钟×240 天＝7200 分钟（120 小时）。如果休息日也能坚持每天阅读 30 分钟的话,那么我们一年可以读书的时间就是 30 分钟×365 天＝10 950 分钟（182.5 小时）。假如这些时间都用来阅读"某个专业领域"的书籍,并且将所学到的知识都运用到日常工作中的话,那么一年后我们在该领域应该已经相当专业了。

对于"坚持",我们往往会在不知不觉中产生"要是不做的话……"的情绪。

但是,正如上面的示例一般,倘若 ==能将"坚持的效果"具象化,用数字进行量化==,那么你是不是就会萌生"要不试试看!"的想法呢?

关键在于下定决心"去做"并坚持下去

可以坚持下去的习惯,并不局限于诸如阅读之类可以直接"作用

量化"预期效果"

养成工作日在通勤电车上早晚各看书15分钟的习惯,一天就能看书30分钟,那么……

一年可实现 30 分钟 × 240 天 = 7200 分钟(120 小时)的阅读。

养成阅读习惯,并不是一定要"阅读整本书",而是"阅读工作上会用到的内容",由此即可提高学习效率,更快地习得知识。

于工作"的东西。

比如,坚持每天早上做伸展运动或慢跑,既可以激活身体和大脑,还能提高专注力。更重要的是,如果能够养成每天早上运动的习惯,就能收获强健的体魄和充足的精力,从而保证我们在工作时最大限度地发挥出自己的能力。

其实不需要把事情想得那么复杂。**只要下定决心"做"一些有益于自身的事情,然后坚持下去,就一定能够打磨你作为职场人的能力和意志。**

point

将习惯养成后获得的效果进行量化。

03 依次完成当下的"小目标"
习惯的养成需要更加注重"质量",而非"数量"

习惯可以解决所有烦恼和问题

人生在世,总会有很多烦恼,比如"工作不如意""减肥没效果"等。但是,只要我们养成一些习惯,就有可能减轻这些烦恼,因为只要你有养成习惯的力量,就能解决一切问题和烦恼。

换言之,坚持本身就有意义。

我们要踏出的第一步,就是下定决心去做。一旦尝试着去做,就会产生很多种不同的情绪。

当你已经能够无意识地坚持某一个习惯时,就向下一个习惯发起挑战吧。

你想挑战的内容是什么无所谓,关键在于你能始终勇敢地尝试新事物。

只要你勇敢尝试,那么即使受挫也无妨。如果勉强坚持做一些自己做不到的事,反倒会让其成为一种心理负担。当你为坚持做某事而感到痛苦时,完全可以立即放弃,然后重新开始坚持做其他事。既然下定决心去做,那就==将任何人都能做到的事,坚持到任何人都坚持不了的程度==。

当你始终有意识地坚持某一个习惯,在某一个瞬间,你的内心会感到无比踏实,同时收获"有志者事竟成"的自信,如此一来,坚持就会变成一件快乐的事情。人类的大脑就是这样的。关于大脑的结构,以及这种结构在培养习惯的过程中会发挥什么样的作用,我将在下一章进行说明。

任何事情都重在"日复一日的积累"

阪急东宝集团的创始人小林一三先生曾说过这样一句名言:"如果上司命令你做看鞋子的人,那么你就要成为日本第一的看鞋人。这样一来,谁都不会把你当作一个普通的看鞋人。"

即使觉得不被周围的人认可,你也不必沮丧、消沉,而是要拼尽全力去做自己力所能及的事,这才是至关重要的。

人一旦进入职场,自然会有想要干出一番成绩,做成一些大项目的想法。如果你有充足的理论知识和无限的创意,那么当然可以去挑战一些大项目。

但是,要想干出一番成绩,办成一些大事,除了丰富的理论知识和无限的创意,还需要同事、上级的信任,一定的人脉,以及经验。

倘若你只是一个刚刚踏入职场的新人,那么与其期待抓住千载难逢的机会一鸣惊人,倒不如脚踏实地地完成一个个小目标,不断积累经验并赢得周围人的信任。有时候,这种看似笨拙的方法才是成功的捷径。

在我们漫长的人生中,并不是今天付出努力了,就能在明天收获回报。职场亦是如此。

职场上最常见的优秀职员很少能够一鸣惊人,也无法一步登天,他们更多是在脚踏实地地完成一个个普通的工作任务,不断积累经验并获得成绩之后被上司"委以重任"的。

point

重要的是将任何人都能做到的事,坚持到任何人都坚持不了的程度。

04 首先养成言出必行的习惯
边行动边思考

"有进步空间的人"和"没有进步空间的人"的区别

所谓实力是建立在执行力的基础之上的。

我在多年的习惯养成咨询生涯中,见证了很多职场人的成长,也曾为他们出谋划策。在我看来,"有进步空间的人"和"没有进步空间的人"之间,最大的区别就在于执行力的不同。

所有人都很清楚"做比不做要好",但并不是所有人都能真正将其付诸实践,能够"立即付诸实践"的人则更是凤毛麟角,而恰恰这些人能比其他人成长得更快、更早。

上司指派的业务、前辈委托的工作、下一阶段的工作计划、虽然不擅长但很紧急的工作等,很多工作都是我们不自觉想要拖延的。

即使如此,一旦拖延,"不想干"的情绪就会被逐渐放大,对工作的抵触、厌倦也会更甚。

这种时候就需要我们**养成不左思右想、立刻行动的习惯,然后"干到底""干到能胜任为止"**。事实上,在我看来,"三思而后行"的意见也没有错。但是,仅凭我们短短二三十年的经验,又能想明白多少事情呢?

倘若只是在心里反复推演"要是……该怎么办""如果……该如何应对",却始终没有将想法付诸实践的话,那么我们只会白白浪费宝贵的时间,最终一事无成。

边行动边思考就是最优选。

人生和职场都重在积累"执行力"

> 好不容易学会了,但是倘若没能付诸实践,那么又怎会收获"结果"和"经验"?

> 只是一味地学习。

> 有想法→执行→结果→验证→制订下一步计划→下一次执行

> 先实践,然后验证结果,找出"自己的不足",明确哪些前期准备是必不可少的。

重要的是"有想法了就立刻付诸行动"

　　职场亦是如此。"有想法(或者习得知识)"→"实践"→"产生某种结果"→"验证"→"制订下一步计划"→"继续实践"。通过这样的反复循环,慢慢地,你会看到"自己的不足",以及"准备不充分"等问题。

　　无论是人生还是职场,执行力的积累都是尤为重要的。有了"点子"或是"习得了知识",就要立刻"执行",由此不断累积"经验值"。

point

总是左思右想而没有付诸实践,最终只会一事无成。首先要行动起来,完全可以边行动边思考。

05 不要跟别人攀比，只做比昨天更好的自己

未来掌握在自己手中

每天的积累造就今天的你

不断地学习并付诸实践，是我们应该每天坚持的习惯。只有这样坚持，并一天天积累下去，才能造就今天的你。我们不需要和别人对比，要对比的是昨天的自己。**假如对比昨天的自己，今天的你有进步，哪怕只是1毫米，也值得开心。**

昨天的峰值就是今天的谷值。

眼下的境况恰恰是你过去的思考、行动，以及习惯不断积累所形成的"正确的结果"，所以即使整日唉声叹气，觉得"不该是这样的"，也于事无补。你所面对的境况不会有任何改变。

这种时候，我们要做的就是先接受它，接受这就是现实、这就是结果，然后思考从目前的境遇中能学到什么，应该怎么做，又能改善些什么。

重要的是踏踏实实地坚持

正所谓"时间等于生命"，所以我们需要时刻提醒自己，主动思考如何看待眼下我们所拥有的时间，又该如何行动，从而保证最大限度地利用我们有限的人生。

无论是工作还是人生，都是在无数次重复今天。

不论何时，都要坚持自己决心要做的事情。要始终铭记，就算感到沮丧、失落，只要**在关键时刻不逃避，做到"善始善终"，自然就能**

收获信心。

所以请相信习惯的力量,然后踏踏实实地坚持吧。

周围人关注你的时候,你自然要努力、加油;但是,更关键的恰恰是那些不被任何人关注的时候。

不被任何人关注的时候,抑或是感到沮丧、郁闷的时候,你还能否像往常一样理所应当地继续坚持做一些事情?只有这时依然坚持,才是真正的"面对自己"。

人生只有"必然"

人生不存在所谓的"偶然"和"运气"。

人生只有"必然"。

正是过去的选择和行动才造就了今天的你,你才有今天的成就和现在的状态。

明明眼下有想做的事,却总是在反复思量"能不能成功?"或"这样做到底对不对?",这样迟迟无法付诸行动的人,并不是因为周围的环境和条件没有达到他的要求,而恰恰是因为他没有采取任何行动,周围的环境和条件才没有任何变化。

不论境遇好坏,真正能够改变当下的环境和客观条件,并让其成为"友军"的只有你自己。

所以,让我们全力以赴,努力创造属于自己的未来吧。

> **point**
>
> 在关键时刻不逃避,做到"善始善终",自然能获得信心。

方法 ①

无意识的重复
造就你的生活方式

该改掉的习惯，就要立刻改掉

过去的经历和经验作为一种记忆数据储存在我们的潜意识中，大脑会基于这些记忆数据对我们所面对的事件和个人，做出"没缘由的厌烦""差劲""喜欢""开心"等判断。

你的内心恰恰是大脑的这种结构创造出来的。

如果是心里觉得"讨厌"的东西，即使想要掩盖或是隐藏这种情绪，也会在行动中表露出来，然后一次又一次重复，久而久之，就会不自觉地陷入某些不健康的习惯中。

正是这种"无意识的重复"，造就了你的生活方式。

你的生活方式，体现在你的行为举止、表情、对待事物的态度等各个方面，然后形成你的专属"人格"。而这种"人格"是周围人会敬而远之的，还是周围人所欣赏的，就决定了你的"命运"。

换言之，**你的"命运"由你迄今为止的各种习惯塑造而成。**

所以，认真审视一下你现在的习惯吧，倘若有应该改掉的习惯，就从此刻开始努力改掉它，养成一些好习惯。要创造自己的命运，没有"顺其自然"，只有在"眼下"做出决断。

第一章

理解大脑结构,让你更好地养成小习惯

要想改变人生,首先需要了解"大脑的特性"。通过学会正面积极的表达,养成规范行为和有意识的表情管理等习惯。只要这么做,就能拥有控制自己的状态、精力和情绪的能力。

06 理解并利用"大脑的特性"
不积跬步，无以至千里

理解了"大脑的特性"，才能改变人生

大脑是我们行为和思维的指挥中心。

任何人在刚到这个世上时都是一张白纸，但是他会慢慢地在个人的生活经历和经验所形成的"框架"中思考。

所以，==要想改变人生，首先需要深入了解大脑的特性==。

倘若把大脑比作一辆车，那么你就是这辆车的驾驶员。

如果你在对这辆车的性能和特点都一无所知的情况下盲目驾驶，那么自然无法熟练地操控它，甚至还会发生事故。

在心中描绘什么，决定了你将会度过怎样的人生

要想"操控"大脑，有这样一个需要事先充分理解的大前提。那就是：==在尝试一件新事物时，必须想办法避开大脑的反抗==。

我们的大脑总是习惯搜寻负面的、消极的信息，通过勾起过往的痛苦回忆，阻止我们迈出新的一步。

不仅如此，大脑本身具备畏惧"新挑战"的特点。因为==大脑会擅自将变化与危机画上等号，所以当你有一些新的思考或是打算尝试新事物时，大脑都会试图阻止==。

这说明，在尝试新事物时避开大脑"恐惧反应"的最佳方法就是，不要直接开始"大的挑战"，而是养成从不会让大脑产生危机感的"一小步"开始行动的习惯。

大脑认为"变化＝危机"

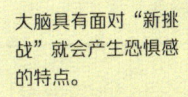

大脑具有面对"新挑战"就会产生恐惧感的特点。

从今天开始，坚持每天慢跑1个小时。

讨厌
不想干
保持现状就很好

从今天开始，坚持每天慢跑10分钟。

这种程度还能接受
这种强度还能坚持
也许还有提高强度的空间

培养习惯的诀窍在于，从不会让大脑产生危机感的"小挑战"开始做起。

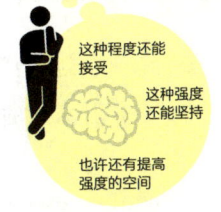

我们的大脑隐藏着令人惊讶的巨大力量。只要掌握并利用大脑的特性，就会让人生沿着我们所期望的方向前进，更准确地说，在心中描绘什么，决定了你将会度过怎样的人生。

让我们理解并利用大脑的特性，引导、形成正向思维，成为"理想中的自己"吧。

point

养成从不会让大脑产生危机感的"一小步"开始行动的习惯。

07 你所说的语言决定了你的大脑
坚定地使用肯定性的表达

语言表达决定你的大脑结构

要想让自己强大起来,就需要关注自己的语言表达。因为平时采取什么样的表达方式,说什么样的话,可以决定一个人是正向思维还是负面思维。

举例来说,如果一个人总是说"要是不……就好了""不得不……",那他就是在内心深处给自己留有余地。**"不……就好了"之类的逆向表达是无法帮助我们战胜困境的。**

相反,面对工作总是能够保持积极心态的人,会坚定地进行例如"我行""我可以"等肯定性的表达,从而形成身处任何情况都不服输的强大人格。这就是"大脑的结构"。

只要一直演下去,理想中的自己就会变成现实

要想胜任工作,就要在面对数字和结果时始终保持积极的态度。因此,在**和他人沟通、和自己对话时,我们都应坚定地使用肯定性的表达**。只要学会这种坚定且肯定的表达,就可以带着一颗"强心脏"去完成工作。

正所谓语言塑造人格。我们要养成"我来做",而不是"我想做"的语言习惯。

停止使用消极的表达,养成积极表达的语言习惯,就能改变我们的思维方式和行为举止。

关注自己的语言习惯

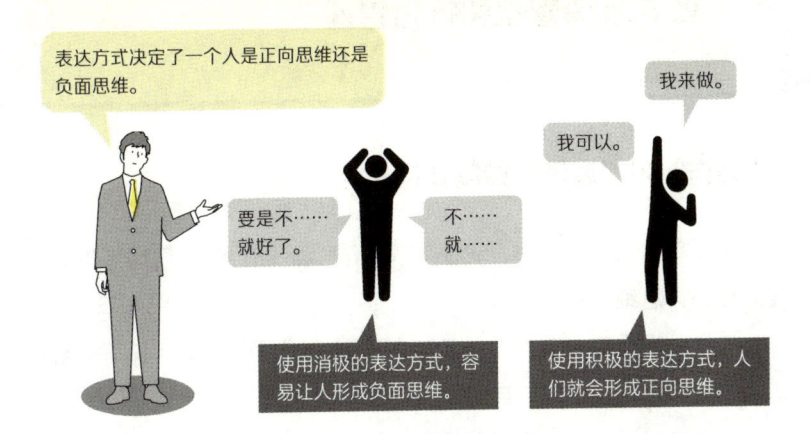

表达方式决定了一个人是正向思维还是负面思维。

要是不……就好了。

不……就……

我可以。

我来做。

使用消极的表达方式，容易让人形成负面思维。

使用积极的表达方式，人们就会形成正向思维。

即使听到别人说"你肯定不行""你做不到的"，也要把它看作"激励"或"逆耳忠言"，**朝着理想的方向，坚持扮演理想中的自己。只要一直演下去，那么在不久的将来，那些原本需要扮演的自己就会成为现实，变成你的"本性"。**

所有人的大脑都有着相同的结构，每个人都有成为天才的天赋。之所以在现实生活中人们会有能力的差异，原因就在于心理的不同（大脑如何思考，又在思考些什么）。

只要掌握控制大脑的方法，每个人就都能发挥出令人惊讶的能力。

point

坚定地使用肯定性的表达，就能让大脑形成正向思维。

08 让大脑记住什么是"最佳状态"
做好表情管理和行为管理

"动作"和"表情"造就正向思维

除了日常的语言习惯，积极的"动作"和"表情"，同样可以让大脑形成正向思维。

比如，当你陷入萎靡或是消极情绪时，可以尝试着挥舞拳头给自己加油打气。这样一来，自然就能鼓起干劲。

用表情展示积极向上的状态就更简单了——只需嘴角上扬，保持笑脸就可以了。

人在产生"开心""愉快"等积极情感时，自然会面带笑容。

所以，就算没有什么特别值得开心的事，只要你有意地上扬嘴角，保持笑容，大脑就会相信"肯定是有什么好事儿了"。

学会取悦自己

当你需要鼓起干劲、提高自己的情绪时，可以有意地去做前面介绍的"挥拳加油打气"和"保持笑容"，通过这些方式取悦自己，调整自己的心态，想办法振作精神。

不仅如此，如果要在职场中更好地发挥个人能力，那么不论是在工作以外的时间，还是处理工作任务时，都要充分利用遇到的好事，输出各种积极的"动作"和"表情"，将整个人调整到最佳状态。

如此一来，"最佳状态"的形象就会深深地扎根于大脑，随后无论遇到什么情况，你都能很快进入"最佳状态"。

引导大脑形成正向思维的"动作"和"表情"

引导大脑形成正向思维的动作（示例）

挥拳加油打气　　"万岁"姿势

引导大脑形成正向思维的表情（示例）

笑容

让我们输出各种积极的"动作"和"表情"，振作精神吧。

如果一个人总是垂着肩，眼神向下，满脸忧郁，那么他肯定很难主动去做些什么，也很难时刻保持干劲。我们要养成习惯，就要做到无论事情进展顺利与否，都**有意地输出一些可以引导大脑形成正向思维的动作和表情，这样就能逐渐学会如何有效地控制自己的情绪和状态**。

point

借助一些积极的动作和表情，让自己振奋精神。

09 养成化危机为机遇的习惯
将所有经历都看作机会并心怀感恩

大脑会在 0.5 秒内做出"愉快"或"不快"的判断

无论什么事物,当你积极地去理解、接受时,它就会变成一种"机遇";当你消极地看待时,它就会演变为一种"危机"。

即使遇到某个问题,你也要明白,"出现问题"本身不是问题,"如何看待、理解、接受"当下面对的情况,才是真正的问题。

人类的大脑会在短短 0.1 秒内认知信息,然后在接下来的 0.4 秒内,通过对照过去的情感所伴随的记忆数据,做出"愉快"或"不快"的判断。也就是说,短短的 0.5 秒就决定了你"如何接受当下事物的发生"。

因为大脑的整个判断过程就发生在不到 1 秒的时间内,所以或许有人会认为,面对所发生的事情,产生"负面想法""抵触情绪"也是无能为力的。**但是,说什么话,做什么样的表情、动作,都取决于你自己。**

大脑会更加深刻地记忆负面情绪

在大脑储存的记忆中,负面情绪的数据要比正面情绪记录得更深刻一些。

也正是出于这个原因,当遇到问题或意外时,倘若你保持无意识的状态,大脑就会直接对照过往的记忆数据,将其判断为"不快",从而产生负面情绪,最终导致你的表情阴郁,语言表达也变得消极。慢

能够积极接纳一切的3个关键点

"积极地看待一切"！这样单纯的做法恰恰是正向思维的入口。所有事物，当你积极地去理解、接受时，它就会变成一种"机遇"；当你消极地看待时，它就会演变为一种"危机"。

①客观地看待
不要被当时的情绪支配，要客观、冷静地思考。

②善意地接纳
善意地接纳、思考对方的表达和行为。

③将一切都视作难得的机会
将发生的一切都看作难能可贵的"机会"。

慢地，你整个人都会陷入负面情绪的旋涡，状态也只会越来越差。

所以，我们需要事先决定"如何接纳"工作、生活中发生的所有事情。**无论发生什么，我们都应将它们视作"机会"，并怀着感激之情一一接纳，同时要做出积极的语言表达，比如"机会来了""轮到我大显身手了"**。

人类的大脑是非常单纯的，当你说出"真是令人头大"时，大脑就会去找让人困扰的理由；当你说出"机会来了"时，它又会自觉地找出眼下的事物是机会的原因。

职场亦是如此，倘若你能将发生的一切都视作"机会"并怀着感激之情去接纳，那么你自然而然就会萌生"是这件事给了我展现自己能力的机会"的想法。

point

无论发生什么都怀着感激之情接纳，将其视作难得的机会，认为是它给了我们展现自己的机会。

10 时刻牢记"自己想要什么"

努力缩小现实和目标的差距

明确地描绘"实现目标后的自己"

请思考一下，已经变成"理想中的自己"的人和没有成为"理想中的自己"的人之间的区别是什么？

他们之间的区别在于：是否在自己的脑海中明确地描绘出了"实现目标后的自己"。

每个人都有"要是能变成像××那样的就好了啊！"之类模糊的目标（憧憬）。但遗憾的是，如果仅仅是这种程度的期望，那么你肯定无法成为"理想中的自己"。

能够成为"理想中的自己"的人，会在"还没成功""我还没有达成目标"的状态下，明确且具体地描绘"实现目标后的自己"是什么样的。

正是因为有这样一个"具象化的形象"，他才明白，要想成为"理想中的自己"，"我还有什么不足？""我还有什么困难？"。而克服这些困难需要哪些手段和方法，需要习得哪些知识，以及该做什么样的努力等，都会逐渐变得清晰起来。

努力缩小现实和目标的差距

要想成为"理想中的自己"，首先要做的就是"设定明确的目标"，并将目标写在纸上，同时记录下当天的日期。

接下来，将这张纸复印，贴到你的房间和你每天随身携带的笔记

成为"理想中的自己"所需的3个习惯

①设定明确的目标。

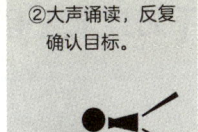

②大声诵读,反复确认目标。

③想象目标达成后自己的样子。

持续不断地激发追求目标的热情,促使大脑开始寻找行之有效的方法来缩小现实和目标达成后的你之间的差距。

本或手账上,每天大声诵读一次,说给自己听。在诵读的同时想象当你达成这个目标后会变成什么样,想象身边的亲朋好友为你开心,露出欣慰的笑容的样子。

想象 = 结果。

大脑会开始寻找行之有效的方法来缩小现实和目标达成后的你之间的差距。

我们的大脑拥有着令人诧异的力量,我们的人生也只会按照自己期望的设计图前进。

所以,要想理解大脑的结构,激发大脑的潜能,就需要我们养成不断看到并且大声诵读目标的习惯。

通过这种重复,就能引导你朝着更好的方向思考,从而不断靠近"理想中的自己"。

point

倘若设定了明确的目标,就要反复地翻看写有目标的纸,并且坚持每天大声诵读目标,从而激发大脑的潜能。

11 思考"快乐的事",而非"应该做的事"

与其"思前想后",不如尝试变得"不顾后果"

引导大脑变得"快乐"的思维方式

与"应该做的事"相比,人的大脑更擅长坚持做"快乐的事"。

我们的脑中有一个1.5厘米大的名叫"杏仁核"的器官,它的作用就是判断一个人当前是"愉快"还是"不快"。当我们想要开始做些什么时,杏仁核会做出判断,得出"能坚持"或者"坚持不下去"两种结论。

在职场中,多数人会在明确"应该做的事"的基础上,理解每个业务的"意义和价值",从而提高积极性。个别公司甚至会为此特意投入时间和金钱,组织开展相关研修活动。

但是,无论开展了多少类似的研修活动,只要参加研修的人的大脑里没有觉得自己是在做开心的事,他就会机械地认为"公司给安排了那就参加吧"。最终也不过是在浪费时间而已。

如此一来,无论研修活动的内容多么有价值,员工都只会觉得这是件麻烦的事。对员工来说,不但无法掌握技能,可能还会起到反作用,使他们变得不再主动承担任务。

所有人的大脑结构都是一模一样的。正因为如此,我们才更有必要**学习、理解大脑的结构,基于"比起应该做的事,大脑更擅长坚持做快乐的事"这一大前提,我们应该尽量让大脑将那些应该做的事判断为"快乐"的事**。

"设定目标"的2个要点

明确要实现的目标,然后不断激发大脑的潜能,想方设法地实现它。如此一来,你慢慢地就会从中感受到快乐,从而明白"要实现目标应该怎么做?""还需要做些什么?""还有哪些不足?"。

要点①
能否进行量化?

要点②
有无完成期限?

好想和女朋友去国外旅游啊!

要趁着春节假期,和女朋友去关岛玩六天五夜!

学会"不顾后果",大脑就会形成积极的思维

享受工作的其中一个方法就是"不顾后果地去做"。

当一个人不顾后果地做事时,大脑就会感受到压力,当压力逐渐增大到某种程度时,大脑就会开始分泌多巴胺等快乐物质。如此一来,过去总是习惯否定的大脑在做判断时会变得积极、肯定。每当你做成功些什么时,都会从中感受到快乐。

所以,当你**在工作或人生中感到迷茫时,与其"思前想后",不如尝试"不顾后果"**。这样的话,你就更有可能找到可以真正活出自我、充分挖掘自我潜力的方式。

point

当人无法从自己所做的事当中感受到快乐时就会变得意志消沉,很难长久地坚持下去。

12 不要一味地"追求完美"
执行力比追求"完美"更重要

"完美主义"的弊端是什么?

不知为何,事情的进展越不顺利,人往往越追求"完美"。或许这是人类大脑的结构使然,是我们无法改变的。但过度的"完美主义"却是个人的选择。

人一旦事事追求完美,就会反复思考"没有做到万无一失就不能……""得事先想好突发情况出现时的应急策略,否则……",却始终无法真正将其付诸实践。

无论是工作还是工作之外的事情,比起过度地追求完美,我们更应该学会"先行动起来"。只有真正行动起来,才能发现需要解决什么问题,又可以采取哪些改善对策。

也正是出于这个原因,那些能够快速成长的人总是会在"完美"和"行动"之间优先考虑或更加重视后者。

随后,他们分析行动的结果,快速地明确"现在自己应该做什么",从而改善有问题的部分,及时纠偏,并立刻投入下一次行动。

积累每一次小的"失败→改进"

追求完美也许并不是一件坏事,但不需要过度执着于完美。

比起完美,更应该优先选择成长。

在一个较短的时间跨度范围内设定"小目标",不断积累小"成功"和小"失败→改进",才会加快我们成长的速度,同时提高我们成

比起完美，选择成长更加重要

> 可能会失败啊！
>
> 有风险，所以得慎重啊！

> 先行动起来吧！
>
> 要是失败了，就从头来过，总结经验教训，下次改进。

> 当你没有过度追求完美时，70%的完成度也可以接受。"先行动起来"更加重要。在行动的过程中才会看到真正需要解决的问题和行之有效的改善策略。

长的质量。

竹子正是因为有很多竹节，才拥有高强度，不易被折断。竹节少的竹子，往往抵御不住强风，很容易就会被吹断。

人类亦是如此。我们需要创造出很多个成长的"竹节"，才能让自己变得更加强大，从而抵御强风的侵袭。

话说回来，**倘若你事事都追求完美，反复思量自己"究竟能不能做到？"，却从不付诸行动的话，那么也会错失很多宝贵的机会和成长的绝佳时机**。

所以，为了不白白错过难能可贵的机会，我们也要时刻铭记"执行力比完美更重要"。

point

不执着于完美，不断积累小的"失败→改进"，就能加快成长的速度，提高成长的质量。

方法 ②

学会将"意料之外"
看作"意料之中"

时常思考"不断向前"

倘若在工作上发生"意料之外"的事,那就把它看作"意料之中"的事吧。

不仅仅是在职场,任何情况下都会发生"意料之外"的事。不过,无论是"意料之外"还是"意料之中",现实就是现实,我们只能接受。

我们经常会听到这样一句话:"时间会解决一切问题。"但是倘若我们始终不作为,不积极地去做一些可以解决问题的事,那么时间就不会解决任何问题。

你从"意料之外"的事情中能学到些什么,发现些什么,又能做出什么样的改变?这些"有所行动的时间"才会为我们解决问题。

在职场上,我们会遇到各种各样不同的问题和意外,每当遇到这种情况时,我们都纠结于"什么才是眼下最佳选择?",从而将问题不断拖延,这种做法是不正确的。

归根结底,倘若我们知道"完美的解决方式",就不会产生任何问题,更不会遇到意外情况了。

所以,**无论眼前发生了什么,你感受到了什么,首先应该考虑的就是"不断向前"**。如果你无论身处何种困境都能面带笑容,拼尽全力向前迈进的话,自然就会找到相应的解决之策。

任何人都可以掌握的习惯养成术

一听说每天要坚持做些什么,也许有人就会产生自我怀疑——"我能做到吗?"。没关系,我们从"任何人都能做到的事情"做起就可以了。让我们试着从"即刻行动"做起吧。

13 先从"小习惯"开始做
从"谁都能做到的事"做起

培养习惯并非难事

我在序章中提到过,倘若你是一个刚刚踏入职场的新人,那么与其期待抓住千载难逢的机会一鸣惊人,不如脚踏实地地完成一个个小目标,这个道理同样也适用于习惯的培养。

当开始培养一个新的习惯时,或许有很多人都会感到不自信——"我真的可以做到吗?"。但事实上,培养习惯并不像大家想象的那么难。

一开始我们只要从"任何人都可以做到的事情"做起就足够了。

比如在序章中提到的"在上班路上看书",一般来说,这个习惯应该任何人都可以培养。

话虽如此,我想或许也不排除有的人"自己开车或骑自行车上班",抑或是有人"想养成看书之外的其他习惯"。在这种情况下,我依旧会建议大家在初期降低难度,尽可能选择"小行为"开始慢慢培养习惯。

即使没能坚持下去也没关系

要想获得自己想要的结果,我们就必须坚持行动,我想这个道理谁都懂。

但是,如果将培养习惯时所需的行动确定为"非常重大的事情",自然容易半途而废。

先从"小习惯"做起

当你想要养成某个习惯时,可以尝试着从不会半途而废的"小行为"做起。

- 主动向别人打招呼。
- 早上起床后看书15分钟。
- 始终保持提前5分钟行动。
- 用餐结束后立即洗碗。
- 脱下鞋子后摆放整齐。

因为**在面对巨大的变化时,我们的大脑往往会自动触发防御机制,产生抵触反应**。

既然如此,在初期,我们就可以把不会触发大脑防御机制的"小行为"作为自己的习惯。

随着这些"小行为"的不断重复,不久之后,我们的大脑就会在无意识中实践这些行为。如此一来,我们在面对行动时产生的压力就将不复存在,离实现目标也就更近了一步。倘若遇到"即便如此,我依旧坚持不下来"的情况也没关系,培养下一个习惯就可以了。在这样的循环中,我们肯定能够养成一些习惯。

point

① 初期从"任何人都能做到的小事"做起。
② 即使半途而废也没关系,只要开始"下一个习惯"就可以了。

14 "先动起来"具有非常重大的意义

重新审视过去的自己，并做出改变

学会"先行动起来"

要顺利地将"小行为"转变为习惯，我们要考虑的并不是"坚持"做什么，而是"开始"做什么，抑或是"先行动起来"。

这样一来，只要没有感受到格外巨大的压力，就能够迈出第一步。

"接下来可一定得一直坚持下去"，要是产生类似不服输的想法，大脑就会主动调取过去"坚持真是令人痛苦"的记忆数据，从而做出"不快"的判断。

因此，正如前面所讲到的那样，初期我们需要尽可能选择从不需耗费过多力气的、轻轻松松就能办得到的小行为做起。

倘若你还是会感到焦虑——"接下来真的必须一直坚持下去吗？"，那么划定一个时间段，比如"先试着坚持3个月"，也不失为一个良策。

单纯划定一个3个月或6个月的时间段对培养习惯来说也有效果。先试着行动起来，如果能坚持的话，那么也可以考虑延长当初划定的时间段，不过最起码要坚持到一开始划定的时间段。

培养习惯，能够让你看到"真实的自己"

从"小行为"开始慢慢培养习惯当然是很重要的，但是，即使没能养成习惯也不要太过介意，因为"先行动起来"本身就具有非常重要的意义。

培养习惯的"第一步"

> 一想到"要把某件事坚持一辈子"总会感到焦虑——"我能做到吗?"。其实也不用把事情想得太复杂,可以考虑"先做做看",或是划定时间段,比如"先坚持3个月"。

要不先做做看。

接下来的3个月坚持每天打卡。

开始某个习惯后,就能看到过去从未发现的"真实的自己"。

当你尝试着与自己约定"坚持做某事",并有意识地遵守这个约定,尽可能地坚持时,你就会看到过去没有任何思考、虚度时光时未曾发现的"真实的自己"。比如"原来我连这种事都坚持不下去啊!""没想到我竟然是这么有韧性的人!"。当你看清"真实的自己"之后,你就会发现过去自己是以什么样的态度对待工作和生活的。

这样的发现具有极大的参考价值,可以帮助你审视过去的自己,并做出改变。

point

① 与自己约定,然后有意识地遵守这个约定。
② 这个过程本身就具有非常重要的意义。

15 建立有助于坚持习惯的"机制"
可以轻松坚持习惯的方法

培养习惯的窍门 ① "建立机制"

要想坚持某个习惯，关键在于有意识地建立能够让你坚持下去的"机制"。

"一定要把这个习惯坚持下去"的想法当然也非常关键，但是倘若仅仅依靠"强大"的意志和毅力，那么你慢慢地就会产生一种义务感，当情绪低落或是没什么干劲时，就很有可能会有"要不今天就算了吧"的想法，最终半途而废。然而，你如果建立了自然而然就可以实践习惯的"机制"，那么就能轻松地坚持下去。这个"机制"中的方法之一，就是"确定时间和地点"。

举例来说，假设你要养成"每天学习 30 分钟英语"的习惯，如果你只是单纯决心"每天都要打卡"，那么可能就会出现诸如"今天太忙了，没时间学""忘得一干二净了"之类的情况。

但是，==倘若能够确定"时间和地点"，比如"早饭后在客厅""在上班路上的电车里""下班后在自家书桌前"等，那么就能将这个习惯有效地融入我们的日常生活中==。

当然，我们也可以通过尝试各种不同的"时间和地点"，去找到最适合自己的"何时何地"。

培养习惯的窍门 ② "把别人卷进来"

另外一个方法就是：把别人卷进来。

有助于坚持习惯的2个窍门

A. 建立机制
（确定具体的时间、地点）。

每天早上，吃过早饭后在客厅学习英语15分钟！

B. 告诉别人"我要做……"，让别人参与到你培养习惯的过程中。

以后我要每天更新博客，记得跟我分享你的感想啊！

借助这些办法，即可摆脱对个人意志和毅力等的过度依赖，轻松地将习惯坚持下去。

具体来说，就是告诉家人、朋友或公司同事、上司等平时自己经常接触的人，"我计划坚持做……"，比如"每天写一张明信片，然后寄出去""每天有礼貌地和别人打招呼"等。倘若**培养一个以他人为对象的行为习惯，那么无论从心理上，还是客观环境的角度来说，都能让坚持变得"不得不为"**。

无论是谁，倘若独自一人坚持某个习惯，就总会在不知不觉中出现"要不今天就算了"的惰性心理。

但是，如果是和别人约定，或是需要别人给予一定的反馈，那么就有助于我们坚持下去。

point

① 习惯养成的窍门在于确定"时间、地点"。
② "把别人卷进来"同样有助于我们坚持习惯。

16 快速失败，经常失败
半途而废的经历也会成为"宝贵经验"

"三天打鱼，两天晒网"也是开始尝试下一个习惯的关键步骤

好不容易才开始执行的习惯，最终没能坚持下去，大家也没必要感到失落，更不需要错以为自己"不适合培养习惯"而彻底放弃。

因为"三天打鱼，两天晒网"的经验也会变成尝试下一个习惯的关键步骤。

就算坚持的习惯半途而废了，我们同样可以通过分析并改进半途而废的原因，让"半途而废"本身成为坚持下一个习惯时非常有用的信息。

另外，即使某个习惯很难坚持下去，我们也只需要明白"可能只是现在这个习惯不适合我而已"，然后尝试其他新的习惯就可以了。

"三天打鱼，两天晒网"也好，半途而废也罢，一切都将成为非常宝贵的经验。

"不作为"的坏处

据说，硅谷有这样一句流行语——"快速失败，经常失败"。

我们每个人都在为了成功而不断接受各种挑战，而在引领全球IT产业发展的硅谷，已经深深植入了"新的挑战必然伴随失败"的观念，或者更准确地说，他们认为比起"失败"，"不作为"的坏处更大。

这个道理同样适用于习惯的养成和职场。**即使在尝试或挑战之后"失败"了，我们还是要怀着"前进了一步"的心情积极地看待结果。**

"三天打鱼，两天晒网"和"半途而废"都将成为宝贵的经验

> 只要不放弃接受挑战，无论是"三天打鱼，两天晒网"还是"半途而废"，都将成为你宝贵的经验。

> 成功坚持3天的经历，将转化为信心。

> 即使半途而废也无妨，只要开始下一个习惯就可以。

> 3天读了一本书，如果我坚持每天读书的话，每个月就能读10本书。

> 只是这个习惯不适合我而已，下次挑战别的习惯吧。

正所谓"胜败乃兵家常事"，而且"作为"本身就比"不作为"更加重要。

我们要做的就只是"前进、前进、再前进"。

要说什么是真正的失败，那肯定就是你放弃接受挑战。

只要坚持接受挑战，那么无论是什么样的失败，都将成为"宝贵的经验"，以及"成长的食粮"。

point

① "失败"是宝贵的经验，也将成为"成长的食粮"。
② "不作为"的负面影响更大。

17 同步确定"上一个习惯"
有意识地关注"上一个习惯"

轻松坚持习惯的方法

想要坚持某个习惯是有窍门的,那就是有意识地关注"上一个习惯"。

举例来说,如果决心"每天早上5点起床",那么倘若前一天晚上熬夜到半夜2点,甚至3点后才入睡的话,那么估计大多数人都很难做到长期坚持早起吧。

早起的上一个习惯就是早睡,如果能明确"前一天晚上11点前睡觉",那么就能够轻松养成早起的习惯。

但是,倘若为了"5点起床",只是单纯决心"11点前睡觉"的话,那么还是不够的。因为要想做到11点前睡觉,就需要有意识地坚持睡觉的"上一个习惯"。

睡觉之前要洗澡,还要吃饭,要想拥有充足的时间干这些事,就还得考虑下班时间。

就像这样,通过始终**有意识地关注"上一个习惯"**,就可以做到轻松地坚持习惯。

充分的前期准备对习惯的养成有促进作用

除了有意识地关注"上一个习惯",**做好相应的"准备工作"也能促进习惯的顺利养成**。

举例来说,要养成每天早晨慢跑的习惯,就把慢跑时要穿的衣服

做好准备工作可以有效促进习惯的养成

除了有意识地关注"上一个习惯",做好与习惯相关的"准备工作"也非常重要。

"事前准备"的示例

养成慢跑的习惯。
▼
把慢跑时要穿的衣服放在枕头边。

养成在通勤电车里看书的习惯。
▼
提前把书放进包里。

提前放到枕头边;要养成每天早晨"冥想5分钟"的习惯,冬天就提前给空调定时,保证起床时房间里是暖和的。诸如此类,有意识地关注上一个习惯,并做好相应的前期准备,就可以做到轻松坚持每天的小习惯。

除了确定要坚持的习惯,主动思考"如何才能毫不费力地长期坚持下去",也会成为我们审视自己的生活方式,调整生活节奏的重要契机,所以建议大家一定要试试看。

point

确定"上一个习惯",并做好相应的准备工作,有助于顺利养成习惯。

18 早起后启动心情的发动机
调动一整天的积极性

早上起床后的 15 分钟尤为重要

俗话说得好,一日之计在于晨。如何度过清晨的时间,就决定了你怎样度过接下来的一整天。

早上起床后的 15 分钟尤为重要。倘若能充分利用这段宝贵的时间,养成能够调动一整天积极性的好习惯,那么接下来的时间你也会保持足够的干劲。所以要想有效利用早晨的时间,建议大家养成早起的习惯。

"早起"或许是众多习惯中最重要的。

举例来说,过去一直拖拖拉拉,经常 8 点才起床的人,为了培养新习惯而决定 5 点起床时,他每天就比过去多拥有 3 个小时的时间,一周就多 21 个小时,1 年下来就多 1095 个小时。

养成早起的习惯,拥有了清晨的宝贵时间之后,就可以再去培养读书、学习等对工作有帮助的习惯。而且这些都是好不容易才拥有的"只属于自己的时间",也可以去做一些过去想做但一直没时间做的事,比如徒步、写信等。当然也可以去挑战一些新的爱好,比如练习乐器或画画。

有意识地在改善睡眠质量上下功夫

要想养成早起的习惯,"优质睡眠"是至关重要的。

正如前文所讲的那般,要想拥有优质睡眠,我们需要尽量保证每

改善睡眠质量的方法

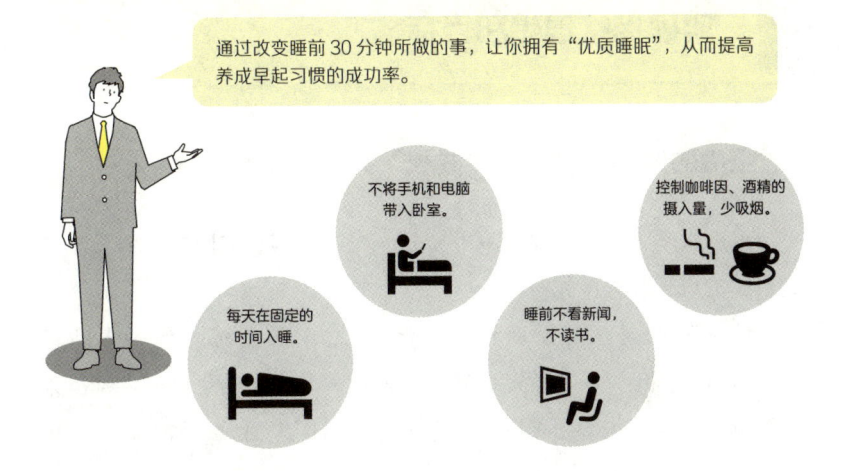

通过改变睡前 30 分钟所做的事,让你拥有"优质睡眠",从而提高养成早起习惯的成功率。

- 每天在固定的时间入睡。
- 不将手机和电脑带入卧室。
- 睡前不看新闻,不读书。
- 控制咖啡因、酒精的摄入量,少吸烟。

晚在固定的时间入睡。

另外,除了固定的入睡时间,睡觉前做的事也是非常关键的。

改善睡眠质量的核心就在于睡觉前避免过度刺激大脑,比如不将手机或电脑带入卧室,睡前不看新闻、不读书,等等。

point

① "早起"是最重要的习惯之一。
② 想办法改善睡眠质量也很关键。

19 能够坚持习惯的人都具有这些特征

明确描绘理想和目标

"坚持的时间长短"和"成长"并不成正比

也许很多人非常好奇,究竟坚持一个习惯多长时间才能切实感受到自己的成长和进步呢?

但遗憾的是,并没有诸如"坚持×个月会感受到明显的进步""坚持×年以后,就能收获坚持的成果"之类的足以向大家承诺的数据。我只能说,习惯的养成带来的好处因人而异,因为它与当事人的个体情况有关,也和习惯的具体内容有着密不可分的关系。

另外,坚持习惯的"时间长短"与你本人成长、进步的"程度"也不一定完全一致(成正比)。

在刚开始坚持某个习惯时,或许有人会产生"坚持了这么久,怎么都没感受到自己有所成长"的想法;又或者,初期还能感受到一些效果,到了某个时期,突然就好像到了平台期,感觉不再进步了。

遇到这种情况,很多人都会觉得"再继续坚持下去是不是也没什么太大的意义"。

可是,==一旦在这时选择放弃,那么你的成长会就此止步,长期以来的积累也将付诸东流==。

能够真实体会到自己有所成长的"分水岭"

即便觉得"总是感受不到自己的成长",但依旧能够长期坚持习惯的人,是有共通之处的,那就是他们可以明确描绘出自己的"理想和

能长期坚持习惯和不能长期坚持习惯的人的特征

不能长期坚持习惯的人
＝
理想、目标模糊

当时是为什么选择这个习惯的？

能长期坚持习惯的人
＝
理想、目标明确

为了靠近理想中的自己，继续坚持！

倘若能够长期坚持某个习惯，那么在不远的将来，就能真实地感受到"我真的成长了""感觉离理想中的自己又近了一步"（抵达成功的分水岭）。

目标"。

如果只是模糊地认为"坚持下去，应该会有什么好事"，那么就有可能会在觉得"真麻烦""坚持，真的有意义吗"的时候，产生"算了吧"的想法，最终半途而废。

而能够清晰地描绘出"这样坚持下去，就能成为理想中的自己"抑或是"我要是成功了，××肯定会替我开心"的人，就会相信自己在不断成长，然后坚持到底。

然后，突然在某一天，那个能够真实地感受到"自己有所成长"的瞬间就会出现，我把这个瞬间叫作"成功的分水岭"。

point

明确描绘"理想和目标"，提高把习惯坚持到底的可能性。

方法 ③

"瓶颈"不过是自己给自己设的坎儿

从"自己真正的追求"出发,做出判断

现在,或许有人觉得自己在工作上到了"瓶颈期"。但是,**"无论怎么努力,都无法跳出瓶颈期"的人,也有可能一开始努力的目标就是错的。**

过去我曾援助过的一个高中生,他梦想着将来要制造出全球第一的汽车。那么,他是不是必须进入一流的汽车生产企业工作才可以呢?

现实情况是,"汽车生产企业"往往都是日本数一数二的大型公司,要想进入这些企业绝非易事,而且就算在大型汽车生产企业内部,真正从事汽车生产的员工也只是极少数人,更多的人还是在销售或管理部门工作。

换句话说,大型汽车生产企业更适合那些以"进入大企业工作"为梦想的人。

从这个角度来看,那个梦想着制造出全球第一的汽车的高中生,去开发全世界最轻的钢铁纤维,或者制造全世界最安全的汽车轮胎的小工厂工作的话或许更能收获工作的成就感吧。

如果不能从自己真正的欲望、追求出发,而是以"社会大众所认为的最佳选择"为标准来判断的话,那么你肯定会进入"瓶颈期"。所以,请一定要认真确认自己对未来的期望,从自己真正的欲望和追求出发做出判断。

这种思维习惯可以提升工作能力

进入社会后,如果只做领导吩咐的工作,那么你并不会成为他人眼中的"人才",而且"做自己想做的事"也并非真正的"活出自我"。提升工作能力的第一步在于养成能够"被工作选择"的思维习惯。

20 自我成长没有"标准答案",更没有"终点"
踏实积累眼下的工作

进入社会后,再"临时抱佛脚"就行不通了

学生时代,只要认真学习就可以成为别人口中"优秀的人"。或许有人至今还记得考试前夜"临阵磨枪",答题时正好碰上前一晚临时抱佛脚记下的题目,暗自窃喜"太幸运了",然后自信满满地写下正确答案。

但是,**进入社会以后,只是"知道""能写下正确答案"就行不通了。在公司里,如果你不能成为一个"工作能力强的人",别人都不会把你放在眼里**。

倘若你不能努力主动寻找课题,那么可能没有人会愿意与你共事。

所谓的工作,是需要和别人配合才能顺利推进的,所以,"自命不凡"有百害而无一利。

如果总是临时抱佛脚,每次都赶在截止日期快到时才完成工作,那么你的人生也会在不知不觉中变成"临阵磨枪",无论你长到多少岁,都会感觉每天都过得匆匆忙忙的,嘴上总是念叨着"太忙了""我太累了"。

未来建立在眼下各种工作的积累之上

寻找自我学习、自我成长的乐趣,是"自我教育"的核心。如果你感受不到快乐,那么做什么事都不会长久。

职场人不同于学生,需要具备"自主学习"的能力。学生时代,

"学生"和"职场人"在评价体系上的差异

学生
被动接受课题，只要在考试时写出正确答案，就会被表扬。

职场人
主动寻找课题，执行后做出结果才会收获上级领导的赞赏。

> 学生时代，有时靠"临时抱佛脚"就可以应付考试，但是职场人只能通过"工作成果的不断积累"才能获得领导的青睐。

算上读大学的时间也只有短短 16 年，但是步入社会走进职场，到我们退休的 40 年间，甚至是到死亡的 60 至 70 年间，都需要不断地自主学习。

除此之外，"自我成长"意味着，就算你学得再多，实践得再多，也不会有"标准答案"，没有"终点"，更不会像学生时代那样，别人会告诉你有哪些课题。

创造自己的人生靠的不是临时抱佛脚，更不是一夜荣华天降的妄想，而是日常生活中各种细碎的习惯和眼下各种工作的不断积累。==现在，你应该做的就是，一步一个脚印地努力完成眼下的一个个课题和一项项工作==。只有这样不断地积累，才能拥有美好的未来。所以，让我们描绘出"理想中的自己"，积极主动地去学习，踏实地完成眼下的各项工作吧。

point

① 进入社会后，"临时抱佛脚"就行不通了。
② 不断积累各种工作经验，才能创造美好的未来。

21 人类的两个欲望
有意识地向着目标奋力拼搏

希求安乐和希求充实

人类有两大欲望，即追求舒适、安逸的"希求安乐"和想要获得充实感的"希求充实"。

倘若我们不多加留意，就会在无意识中自然而然地被享乐的欲望驱使。而且，这种享乐的欲望是不会消失的。

所以，当你读到这里时，即使认为自己可能已经陷入了享乐的欲望中也不用担心。因为只要是人，不论是谁都喜欢安逸、舒适，这是人之常情。

但是，一味地追求安逸、舒适会让人感觉到"缺少些什么"。这缺少的东西正是充实感。

安逸和充实恰恰是两个相对的概念，人越贪图安逸，就越难体会到充实。

这种对充实的追求，只有在你有意识地向着目标奋力拼搏时才能获得，所以也被称为"意识的欲望"。

不断地提醒自己"活出自我"

追求安逸、舒适的人，总会想着"最好别让我负责"，习惯"回避麻烦事"，不喜欢"挑战新事物"。但是，越这么想，人生的路就会越来越窄，越来越难走。

为什么这么说呢？因为你在无意识中被享乐的欲望驱使，养成

希求安乐与希求充实

希求安乐
如果人没有什么特别的想法，自然会想着安逸、舒适。

- 恐惧挑战
- 远离麻烦事
- 不想负责

希求充实
人只有在有意识地朝着目标奋力拼搏的时候，才会体会到充实。

- 主动担当
- 勇于挑战
- 不回避麻烦事

人越追求安逸，就越容易感受到"无聊""痛苦"，更难获得充实感。

了"时常感觉好像缺少些什么"的习惯，所以在开心的时候，你会感觉到"好无聊""没意思"，而在不开心的时候，你又会觉得"太难了""好痛苦"。

所以**当你在工作中感觉到"无聊""痛苦"时，就提醒自己"活出自我，充实地生活"，然后将学到的这些付诸实践吧**。

只要能保持这种态度去面对每天的工作，就能学会"主动担当""勇于挑战过去没有尝试过的新事物""不怕麻烦"，从而收获充实的人生。

point

① 无念无想，人就会被享乐的欲望驱使。
② 时常有意识地"活出自己"是非常重要的。

22 决定才能高低和合适与否的并不是你自己

不去挑战,你就无法准确地认识自己

究竟什么才是"做自己"

我想,经常有人会在步入社会、工作不顺心时产生"要是能把自己的兴趣爱好变成工作就好了"之类的想法。

但事实上,**"做自己想做的事"并不等于"做自己"**。

在职场上,你可能总会遇到自己不感兴趣的工作任务,总感觉在被迫做很多自己不想做的事情。

但是,无论是什么样的工作,由于"工作方式""设定的目标"不同,你都可以让它变得有价值、有意义。举例来说,上司要求周五前完成一项任务,那我就争取提前一天完成;领导要求完成10万日元的销售额,那我就朝着15万日元的目标努力。按照自己的方式想方设法地完成眼下的工作,这才是真正的"做自己"。

挑战的结果就等于此刻你的实力

"选择适合自己的工作"是某个领域的行家才有资格说的话。但你只是组织中的一员,是刚步入职场3年或5年的新人,挑选工作的权利自然不属于你。

上司、前辈是认为你能做得到才把工作安排给你的,但倘若你只是一味地拒绝——"我做不到""让我负责吗?",那么一切都不会有任何改变。而且,不管是什么样的工作,如果你不去尝试着完成,那么你又怎么会了解究竟什么样的工作才是适合自己的呢?

下决心"行动起来"是至关重要的

要想成长进步，需要的是……

能够缓解焦虑的知识。

如何才能尽早地积累失败的经验？

就算失败了也没关系。把经验作为宝贵的食粮，要始终保持自信，相信可以凭借自己的双手创造出拥有无限可能的未来。

只有掌握了足够多的知识才能避免失败。

失败了就找到失败的原因，吸取经验教训，下次要有所改进。

即使上司给你安排了你从未经手过的工作，也要积极地接受——"好的，我来做，不过我过去没有经手过类似的工作，可能还得请您多指导"。养成主动挑战的习惯，可以使你的心胸开阔，同时提升你的个人能力。

有的事情只有你去挑战了才会明白。挑战的结果就等同于此刻你的实力，也许在这个过程中你就会发现"原来我还有这方面的才能啊！"。

适不适合这份工作不是由你自己决定的。请务必牢记，周围人时刻都在关注着你的工作状态。所以，无论遇到什么工作，首先要做的就是下定决心"行动起来"，等有所行动之后再去思考。

point

① 在新人时期就意图挑选工作的想法是错误的。
② 不去挑战，就不会明白什么样的工作才是适合自己的。

23 进步和成长的秘诀在于"有担当"

拥有主动担当的意识是至关重要的

"碰钉子"时的 3 个选择

"努力"不是为了获得周围人的称赞才去做的。"努力"原本就是为了达到自己的"目的",实现自己的"目标"要做的事。

不努力的人和一心想成为周围人眼中"很卖力工作"的人,在遇到事情进展不顺利的时候,往往不会反思自身的问题,他们选择把失败的理由归结于周围的环境、同事,甚至是客户。但是,==重要的是要对身边发生的事情有主动承担责任的担当意识==。

人在碰钉子的时候只有 3 个选择。

第一个是"苛责他人或无视事件本身",第二个是"为改变现状而有所行动",第三个则是"用积极的解读改变人生蓝图"。

解读事实的选择是无限的

既然事情已经发生了,那么如何解读这一事件则取决于你自己。事件本身,即"事实"是唯一的,但解读它的答案却是无限的。

换言之,用积极的解读改变人生蓝图等同于背后蕴藏着下一次机会。

我们生活在这个世界上,总会遇到各种各样的事情,每次都是对

遭遇困境时的 3 个选择

在遭遇困境时，人只有 3 个选择。用积极的解读改变人生蓝图＝改变设计图的背后蕴藏着下一次机会。

① 苛责他人或无视事件本身。 → 都怪他！

② 为改变现状而有所行动。 → 得想想办法！

③ 用积极的解读改变人生蓝图。 → 这不是失败，是绝佳的机会！

你的人间力[1]的一种考验，所以无论发生什么，请务必牢记"人生的责任绝不能推脱给他人"。

只有主动担当，才能找到开启美好人生的金钥匙。

要战胜别人，成为成功的商务人士，前提条件正是战胜自己。

不管陷入了何种困境，如果不能逼自己一把，就无法找到摆脱困境的方法。

身处困境时，逃避是最简单的。但是，逃避现实就等于逃避你的梦想和目标。

只有不断地"战胜自己"，才能收获个人成长，实现自我价值。

point

① 出现意外事件的时候，就算"归咎于他人"，问题也不会得到解决。

② 只有学会主动担当，才能找到开启美好人生的金钥匙。

---

[1] 日本内阁府在《人间力战略研究会报告书》中对人间力的解读如下：所谓"人间力"，是指一个人作为社会构成与运营的一分子的同时，作为一个独立者能坚强地生活下去的综合能力，它由知识能力、社会－人际关系能力、自我控制力、人间影响力、面对困难的能力等组成。——译者注（后文如无特殊说明均为译者注）

24 工作的"原理原则"是什么?
工作时要下真功夫

"你在工作"的意义

作为新人被分配到部门中，转岗到新的岗位，挑战未知的工作……积累各种经验，得到很多人的指导之后，人会慢慢变得"能干"。但是，这也并不意味着"只做上司安排的工作""上司让我做多少我就做多少""在领导要求的完成期限快到时提交"就万事大吉了。

当然，完成领导安排的工作也很关键，切实执行领导的指令也是一种能力。

话虽如此，但是倘若只是做到熟练掌握被安排的工作，那么这些工作的推进也并不一定非你不可吧。

你做这份工作究竟意味着什么呢？

==思考指令之外的东西，主动提议并实践，才能体现出你的价值，才是你被委以重任的意义==。或许也有人认为，"我在努力地落实领导的指示"。当然，等待他人给你发号施令确实也是一件需要"努力"的事情。所以，超过努力的热情，即"下真功夫"是非常关键的，这才是工作。只有带着"下真功夫"的意识，而不是"努力执行"的意识，才会让"你做的工作"变成一件有意义的事。

主动去做指令之外的事情的意识至关重要

实业家松下幸之助先生曾说过："要想得到你想要的东西，就要创造出十倍于你想要的东西的价值，这样你才能收获其中的十分之

"我来做这份工作"所代表的意义

做指令之内的东西
只能做一些"谁都能干的工作"。

做指令之外的东西
让领导把工作交给你变得有意义。

时常思考"我做这份工作的意义",认真地完成每一项工作任务。

一。"从中可以看出,**在工作上"给予大于得到"才是至高的原则**。

有很多人都认为,我拿多少薪水就干多少活儿,但也有人会想着"我要给公司创造出自己所获得薪水 10 倍的价值",试问抱有哪一种心态的人会得到公司的青睐呢?

我想,无论时代如何变迁,能想着为公司创造更大价值的人始终是老板最喜欢的员工吧。

point

① 不要只做老板吩咐的那点儿事。
② 要"下功夫"去做指令之外的事情。

25 把"突破极限"视为成长的机遇
能力的提升始于危机

碰壁的时候恰恰能获得成长的机遇

在工作中遇到"危机"时,恰恰是"成长的机遇"。

在职场上,我们往往会因为那些不适合自己的工作抑或是还没适应的工作而耗费大量的时间和精力,但这些时刻恰恰是提升个人"器量"的宝贵机会。

我想,在你的"器量"里,除了工作,还有和家人相处、个人兴趣爱好,以及社交,等等。当"工作"所占的比重越来越大时,就是我们需要抓住重大机遇时。

那些即使拼尽全力工作依旧不尽如人意的人,太想要把工作放到自己的"器量"中,就会选择从"器量"中拿出些什么,然后再放进新的东西,结果虽然有新的东西进入,但毕竟是以牺牲某些东西为代价的,所以总会心存芥蒂。

在这种状态下,他们对任何事情都难以集中精神,最终也做不出什么成绩。

创造"能被工作选中的自己"

倘若能够做到不挑选工作,主动接受所有挑战,那么就可以挖掘出原本自己都未察觉的潜力。

所以,当领导吩咐你做些什么的时候,不要总想着推辞,先试着接受,行动起来。

感到痛苦的时候恰恰能获得拓展人生可能性的机会

当你觉得已经到达自己的极限时,不要封锁自己的可能性,要思考"有哪些应对之法",这样就能拓展个人的"器量"。

没办法了,只能从兴趣爱好上匀出点儿时间了。

还没到我认输的时候,我还可以!再加把劲儿吧!

当你面对某些境况,觉得已经到达自己的极限时,就是你开动脑筋,激发出新智慧的时刻,由此你能应对的事情也随之增多。如此一来,个人能力自然会有所提高。

当你有所成长的时候,应该就会察觉到"那个时候我对自己设定的极限值可真是太低了"。

能让领导和前辈觉得"如果是你,肯定可以出色地完成工作",那就再好不过了。

所以,当你觉得自己达到极限时,请试着思考一下"或许,我给自己设定的极限值可能太低了"。面对工作,我们不能总抱着"挑选"的态度,应该想尽办法让自己变成"能被工作选中的人"。

point

① 不管遇到什么工作都能下定决心"推进",才能拓展自己的"器量"。

② 如此一来,在身陷"绝境"时才能急中生智。

26 "充足的准备"让你拥有自信
排除任何可能成为借口的因素

有成长潜力的人不会"找借口"

职场上,每一项工作的"准备"都需要认真对待。

所谓的准备,就是排除任何可能成为借口的因素。

具体来说,**准备就是排除一切可能成为"借口"的因素,处理好所有能想到的事情。**

真正能够成长、进步的人,在面对自己的过错时,会勇于承担责任,而且不会找任何借口,更不会辩解。

风靡日美两国的职业棒球选手铃木一郎,在一次采访中这样说道:"为了在每场比赛中都能有出色的发挥,我会让身体和心理始终保持在备战状态。对我来说,比赛前的充足准备是至关重要的。"或许正是因为他如此重视"充足的准备",所以无论出现任何结果,才不会后悔吧。

"准备"就是排除一切可能成为借口的因素

那么我们又是怎么做的呢?

我们是不是能够抱着"做好充分准备"的心态去面对每一次商务谈判、企划宣讲、用户走访、会议,以及日常业务呢?

严格来说,正式上场前准备得充足与否决定了你会取得什么样的成绩。

有意识地完成你所能想到的"充足的准备",就会让你建立"自

如何让自己不再找借口？

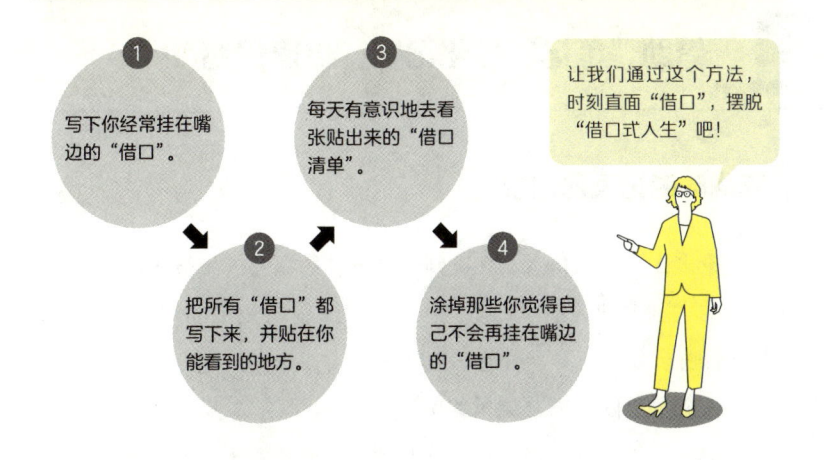

1 写下你经常挂在嘴边的"借口"。

2 把所有"借口"都写下来，并贴在你能看到的地方。

3 每天有意识地去看张贴出来的"借口清单"。

4 涂掉那些你觉得自己不会再挂在嘴边的"借口"。

> 让我们通过这个方法，时刻直面"借口"，摆脱"借口式人生"吧！

信"，从而取得"优异的成绩"。

一个人成绩的好坏，取决于他准备得充分与否。

看到这句话时，也许有人会倍感压力。但是，换个角度去思考，应该就会轻松许多。

为什么这么说呢？因为当你做了充足的准备之后，你就可以坚定地告诉自己"我已经做好了所有该做的准备"，只要带着这份自信去执行每一次工作任务，就不会感到紧张。这样一来，无论什么样的结果，想必你都能欣然接受。

只要你能接受，就能客观地分析结果，从而找出自己的不足，这样自然能在下一次执行任务时有所改进。

point

彻底排除任何可能成为"借口"的因素，就能消除紧张情绪，并坦然接受最终的结果。

27 "手写"的习惯有助于梳理思绪和工作

借助"笔记"强化记忆,梳理思绪

养成随时记录的习惯

无论多么关键的信息,在听到的几分钟后都会慢慢被我们遗忘。

人的大脑会快速遗忘。研究表明,大脑瞬时记忆的东西,一般在1小时后遗忘50%,1天后遗忘70%以上,1个月后约80%的内容被遗忘,由此可见随时书写记录的重要性。

养成动手记录的习惯会让你拥有截然不同的未来。

哪怕只是简短地逐项记录要点也很有用。或许一段时间过后,当你重新翻看笔记时会有"咦?这是什么意思来着?"的疑问,但是很快就会回忆起当时写下那些文字的初衷。

除了听别人讲话时做记录,我希望大家在脑海中闪现某些想法时也能随手记下来。比如,在电车里或深夜时脑海中忽然浮现的想法,抑或是突然回想起过去一度忘记的某些事,等等。无论什么内容都可以写下来。

除此之外,当你想起要对某人表达谢意,或是做了什么伤害别人的事时,也请立刻记录下来。

梳理思绪,有序地完成各项工作

在职场上,尤其是手头上积压了很多工作的时候,人的意志就会有所动摇,也会变得浮躁,很难客观判断应该从哪项工作做起。最终极有可能搞错了工作任务的优先级,导致自己陷入混乱——"应该先

如何有效管理自我行为

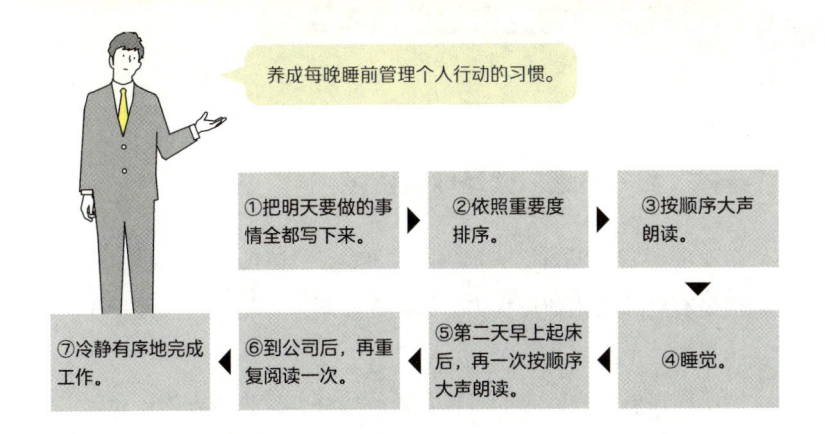

养成每晚睡前管理个人行动的习惯。

① 把明天要做的事情全都写下来。 → ② 依照重要度排序。 → ③ 按顺序大声朗读。

⑦ 冷静有序地完成工作。 ← ⑥ 到公司后,再重复阅读一次。 ← ⑤ 第二天早上起床后,再一次按顺序大声朗读。 ← ④ 睡觉。

做这个的……""哎呀,怎么把这件事给忘了?""到底应该先做哪一个啊?"。

人一旦忙起来,就容易忘记很多事。实际上,无论是忙还是忘,都是心"死亡"了的状态,心死了,也就没办法冷静地梳理思绪了。

无论工作量有多大,只要整理清楚,就可以有条不紊地完成它。

处理工作,不过是一丝不苟地完成我们力所能及的事而已。

point

随手记录的习惯不仅可以强化记忆,还有梳理思绪,提高工作效率的效果。

28 健康的身心是工作的基石
要在内心树立自己的基本原则

"身体"和"心理"就是你的资源

企业的经营资源有"人""物""资金""信息""系统""运气"等,但是在经营人生的过程中,身体和心理才是最关键,也是我们最应该珍视的两个资源。

创新所需的"头脑""干劲",还有始终让"生活方式"和"正向思维"的习惯保持在万全的状态,是我们能够发挥最佳状态的根本。

而实现这一根本的关键正是"身体"。**只有拥有强健的体魄,才能激活正向思维**。

话虽这么说,却并不是让大家完全按照个人的节奏处理工作。重要的是,"在内心树立自己的基本原则,明白什么样的做法才是最佳选择"。

这个基本原则也可以是抽象的东西。比如,在考虑个人身体因素的同时,树立"可以咬牙坚持,但绝不过度逞强"的原则,然后在某个瞬间感觉到"这次有些过了"时,请不要忘记这种感受。从下一次开始改变工作方式,严守个人原则,尽可能避免过度逞强。

"理想"随周围的环境和人而变化

另外,我们对内心的关照也很重要。无论学习了多少有关正向思维的知识,练习了多少次,一直带着负面思维生活的人想要突然转变成正向思维绝非易事。

企业与个人经营资源的不同

企业的四大经营资源

- 人力资源
- 物质资源
- 资金
- 信息资源

个人的两大经营资源

- 体格
- 内心

正所谓"身体是革命的本钱",只有拥有健康的体魄,你才能在人生之路上创造出成果,并给予他人喜悦。

那么,究竟如何才能改变过去始终带着负面思维生活的心态呢?

答案是:改变理想。

倘若你的目光只集中于此刻的境遇,那么请尝试着拓宽视野吧。疲于应对眼下麻烦的人,请一定要回头看看来时的路。

描绘什么样的"理想",取决于你自己,但是**"理想"会随着你遇到的人、你身处的环境而发生巨大的转变**,当"理想"发生变化时,"结果"自然也会有所不同。

point

重要的是树立自己的基本原则,明确怎样做才是最佳选择,并改进工作方式。

29 有潜力的人都有哪些共同点？
以"正向思维"为目标

有潜力的人大多都"坦率且不服输"

我经常会针对参与社团活动的高中生举办一些心理援助类的讲座。我自己在 27 岁之前也一直参与社会人棒球联盟[1]的竞技活动。

那么，我要向大家提一个问题。大家认为，对一名运动员来说，除了技术和体力，还有哪些要素？

答案是：人的要素。

正如相扑领域提倡"心·技·体"全面发展一样，要想成为一名优秀的运动员，只有超凡的体力和卓越的技术是远远不够的，还需要有"不服输"的性格。

但是，运动员要想有长足的进步和成长，仅凭不服输的性格还是不够的。在好强的基础上，保持"坦率"，做到"坦率地不服输"是尤为重要的。

倘若不能保持坦率，那么对教练和教练的训练方式不满，对团队不满，以及对家庭、学校和职场的不满就会不断累积，引起各种事端。换句话说，一个人如果不能保持坦率，就容易形成负面思维。

打开紧闭的"心房入口"的钥匙

这个道理同样适用于职场。

---

[1] 由公司资助的半职业性质球队，团队成员均为普通社会人的棒球团。

缺少了坦率，不满情绪就会加剧

倘若没有一颗坦率的心……

对上司不满　对同事不满

对职场（环境）不满

不够坦率的人，会有很多不满情绪，会引起很多事端。换句话说，人一旦不能保持坦率，就容易形成负面思维。

认为自己容易陷入负面思维的人，请一定要学会保持坦率，力争做到正向思维。

当内心保持坦率时，就能带着一颗积极的心生活，这样，不管遇到什么事都能积极地面对。为此请一定要拥有梦想，哪怕是痴心妄想也可以，这些梦想会成为巨大的驱动力推着我们不断向前。

不够坦率的人，他的"心门"始终处于紧闭的状态。能够打开这扇门的钥匙握在自己手里。要打开这扇心门也并非难事，因为这把钥匙的名字就是"坦率"。

当别人指出我们的问题时，就坦率地接受，谦虚地答道："好的，您说得对""好的，我会努力改正的"。只要能够养成这个习惯，你肯定会有所成长。

point

① 人一旦不能保持坦率，就容易形成负面思维。
② 请有意识地保持坦率，朝着正向思维努力吧！

30 锻炼思考能力
自主思考，走自己的路

首先要学会自主思考

现代生活正变得日益便捷，如果有什么想了解的，只要在谷歌上检索一下，立马就能找到答案。我想很多人都会在领导提问时回答一句"我在谷歌上查一下"。

事实上，我并不推崇"遇到问题第一时间就去搜索"的做法。

这里指的不仅仅是上网搜索。我个人认为，在遇到问题时，不要直接去问别人，或是试图从书中寻找解决之法。看到这里，或许有人会问："咦，那该怎么做？"答案其实很简单。

那就是：自己动脑筋思考。

有时"让大脑休息一会儿"也很重要

越是不理解的事情，越要尝试着自己动脑筋思考。"为什么会这样呢？""原因到底是什么？""这个东西（这件事）究竟是怎么回事？"即使有这样那样的苦恼，也不要立刻寻求别人的帮助，先自己苦恼一会儿。给自己定一个时间，比如"思考×分钟"或者"考虑×天"，在这期间绞尽脑汁地思考。

这个世界的各种工具、手段使用起来虽然很便捷，但"遇事先自己动脑筋思考"的习惯却能让我们的大脑得到锻炼。

话虽如此，偶尔"让大脑休息一会儿"也尤为重要。

有时我们会陷入不知缘由的沮丧和颓废中，有时会铆着一股劲

借助烦恼掌握思考能力

为什么会这样呢?

原因是什么呢?

这个东西(这件事)究竟是怎么回事?

正是因为身处高度便捷的时代,我们才更应该养成"遇事先自己动脑筋思考"的习惯。"自主思考,走自己的路"这一意识是非常关键的。

儿——"我必须奋斗",醒过神来才发现自己竟没有休息片刻,然后越来越疲惫,不安的情绪也在持续膨胀。

这种时候,请给自己创造出可以悠闲地享受一杯茶的时间,让大脑休息一会儿。倒一杯茶,或者冲一杯咖啡,休息短短两三分钟就足够了。我们也需要像这样"歇歇脚"。

在休息时放空大脑,又会激发你的干劲并增强你的专注力。

虽然人生"不能踩刹车",但是我们不需要始终保持马力全开的状态,只要正在朝着前方走就足够了。

point

① 遇到不懂的事情,不要立刻上网搜索或寻求他人的帮助。
② 养成遇事先自己动脑筋思考的习惯。

31 没有任何一件事是"与我无关"的
时刻保持"同伴意识"

把每件事都当作自己的事

在团队里工作,"同伴意识"是非常重要的。

要想培养这一意识,我们需要养成把发生在自己身边的每一件事都当作与自己有关的事来思考、对待的习惯。事实上,==每天发生在你身边的事,没有任何一件是与你无关的==。

话虽这么说,但这并不是让大家"不管遇到什么事都一头扎进去"。关键在于,把每件事都当作自己的事,冷静思考。

我们要时刻保持居安思危的忧患意识,今天别人的不幸也许明天就会降临到自己的头上。自信地活着,是说要在生活中不断修炼内心,让心里充满踏实感。

大家要准确理解"踏实感"这个词的内涵,这并不是说"我的身边不会发生任何事,所以我心里很踏实",更不是说"这些事情都和我无关,所以我心里很踏实"。

自信且踏实地生活,是指无论发生什么,无论身处何种境遇,都能客观冷静地观察、思考当下所面临的困境,并接受挑战,想办法解决问题。

你的意识和行为会传递给你的同伴

当发生一些不尽如人意的事,导致有人陷入困境,抑或是同伴寻求你的帮助时,请一定要尽可能地去做你力所能及的事。

建立良好的同伴关系的 2 个方法

① 要"互相帮助",而不是"相互依赖"。

② 该道歉的时候,就要诚恳表达歉意。

"不服输"是好事,但如果总是固执己见,只会让你觉得心累。所以,不时地和同伴商量,从客观的角度获得建议也是非常重要的。

即使你在内心深处认为"这件事和我没关系",但发生在你周围的事不可能任何一件都与你无关。为什么这么说呢?因为如果真的是和你毫无瓜葛的事情,那么相关信息也不会传到你的耳朵里,更不会被你看见。

没有哪个公司是靠一个人的力量运转的。如果我们能时刻带着"与同伴互帮互助"的意识去行动,那么这种心情肯定会传递给你的同伴。

如果你的心情能传递给同伴,那么行为也能影响到他。当你遇到一些难事儿的时候,肯定会有同伴向你伸出援手。

总而言之,在职场中一定要培养自己的"同伴意识"。

point

只要你能时刻都以"帮助同伴"的意识行动,那么当你陷入困境时,肯定会有同伴向你伸出援手。

方法 ④

让自己始终保持"新鲜"

始终不忘初心，相信未来的自己

人都是有惰性的，所以有时会说出"好累啊""太累了"之类的话。

但是，我希望大家能够克制这种想发泄的心情，对自己说："你很棒，已经很努力了。"如果特意让自己听见"好累"之类的词语，那么大脑就会自动解读为"你已经很累了"，然后就会使人更加疲劳。

为了"不疲劳"，始终不忘初心就显得尤为重要。

如果每天都能回归初心，回想起最初出发时的心情，那么你不仅不会感到疲劳，还能每天都元气满满。

初心，需要反复回想，不断重温。

回想当初你下定决心时，是在什么地方，什么样的场所，身处何种境遇，当时和谁在一起，进行了什么样的对话，气温是多少摄氏度，你穿着什么样的衣服，等等。

就是在那样一个场景下，你决定"做"些什么。

养成不忘初心，让自己始终保持"新鲜"的习惯，就能做成一些只有你才能做的事情。

要想养成这个习惯，我们需要持续不断地训练、锻炼、修炼，以及日复一日地努力。

让我们不忘初心，相信未来的自己吧。

第四章

不断成长的人这样培养习惯

> 要活出自我,我们必须在脑海中描绘出"理想中的自己",并为了成为"理想中的自己"而有所行动。我们需要解决的难题,往往在于如何缩小理想和现实之间的差距。只有不断地经历失败,并从中学习摆脱困境的经验,才能让自己有所成长。

32 解决课题，无限接近"理想中的自己"

缩小"理想"和"现实"之间的差距

"理想中的自己"－"现在的自己"＝"课题"

现在的你是否活出了自己的人生呢？

不是父母或老师为你设计的人生，也不是他人眼中的人生，你是不是做好了心理准备，一定要活出自己的人生呢？

要想活出自己的人生，就需要在脑海中描绘出"理想中的自己"，至少要明确3年后、5年后的自己应该是什么样的。

"理想中的自己"－"现在的自己"＝"课题"。

而解决这些课题的途径只有一个，那就是不断地学习、实践。

坐而论道者是不会成大器的。

我们需要朝着"理想中的自己"的方向努力，通过学习、实践解决问题，不断地重复这个过程，将其变成一种习惯。

比起挑战后的失败，人们更容易为当初没有接受挑战而后悔。

通过挑战，我们的意识和经验会延伸到过往自己不曾了解的领域。

人的生活方式只有两种：一种是"创造未来"，另一种就是"重复过去"。要选择哪一种，取决于你自己。

这样做就能活出"你的人生"

举例来说，如果你觉得自己不擅长做销售，那么就验证一下为什么不擅长。倘若你认为不擅长的原因在于自己呈现给别人的第一印象不好，那么就检查自己的着装、表达方式、表情，以及衣服是否整

课题往往存在于理想和现实的差距中

3年后、5年后、10年后的你想变成什么样？让我们时常带着这个问题，不断学习、实践、解决问题，缩小理想与现实之间的差距吧。

理想中的自己 — 现在的自己 ＝ 课题

洁，然后有针对性地进行改善。倘若原因在于你在人际交往时容易紧张，那么就可以鼓起勇气活跃于各种能够认识新朋友的场合，以此来积累经验，克服紧张情绪。

你应该克服、解决的课题，往往存在于理想和现实的差距中。

这不是其他任何人的人生，是你自己的人生。每一天踏踏实实地积累，才能创造出真正的自己。

point

要活出自己的人生，就需要养成在学习和实践中解决课题的习惯，以此来缩小理想和现实的差距。

33 只有"付诸实践",学习才有意义

从学习和实践中找出新的发现

学习,贵在学以致用

我已年过花甲,我的年龄越大,就越能体会到"活到老学到老"的重要性。无论是自我成长,抑或是想成为"理想中的自己""对他人有益的自己",持续不断地学习、实践都是必不可少的。持续学习就是学以致用。实践就是将学习的内容输出并加以运用。

==学习是一种非常轻松的生活方式。只要学习,你就能感觉到自己在不断成长,也不需要负什么责任。但是,单纯的学习是无法实现成长的==。学习是一种变化。只有付诸实践的学习才能被称为真正的学习。所以,让我们从"单纯的学习"中摆脱出来吧。

从所有事件中学习

在对学习进行实践时,我们需要记住下面这句话:"失败的失败者,说那是失败;成功的失败者,说那是学习。"

你是否以失败或成功为基准,对日常生活中发生的事做出判断呢?"失败了""弄错了"等表达你是否会无意中脱口而出?

如果在实践中发生了你认为"失败了""输了"的事,就抱着肯定的态度告诉自己"学到了",然后迅速找出改善点。需要提醒大家的是,即使你认为"学到了",也不能就此觉得心安。

我们应该关注的不是"心安",而是"改善"。

我们需要养成的思维习惯是:为改善做相应的准备,立刻做自己

学到了并不意味着成长了

学习是一件"舒服"的事，但……

> 这个知识点我也掌握了。

> 我在成长，在进步。

> 始终保持学习的态度，是轻松且舒服的，但是"单纯的学习"是不会带来成长的。所以，请时刻牢记将学到的知识输出，并灵活运用。

应该做的事。

要实现有效的改善，首先就要"认识自己"。**当付出的努力没有得到你所期望的回报时，很多人都会将其解读为"失败"，但正确的做法是把重点放在"我们能从中学到些什么？"上面**。如果有明确的目标，那么就将注意力集中在那个目标上，如此一来，你就总能有新的发现。

实践→结果→学习→改善→实践，在这种循环中，始终保持"从所有事件中学习新东西"的心态是非常重要的。

point

① 要活学活用，实践是必不可少的。
② 实践之后改进，然后再立即实践。

34 丢掉"过去的记忆"和"主观臆断"
抛弃成见和定式思维

"思维枷锁"的弊端

倘若你"想拥有一份好的工作",那么请先摒弃你内心的成见和定式思维。

举例来说,明明没有什么切实可靠的客观根据,却主张"我是绝对正确的""这种创意绝不可能实现""就算把工作交给他也是白费""不能用常理来思考"等等。你是否遇到过类似单方面驳斥别人的人?如果遇到这种习惯"主观臆断"的上司,那么部下应该会很辛苦,因为一个团队或者组织的发展和成长绝不会超越团队领导者的认知范围。

假如你是一个团队的领导者,那么你应该很难察觉类似的主观臆断会对团队的成长和发展产生多么巨大的负面影响。所以,我们才需要通过阅读、听取前辈的经验之谈,以及咨询、培训等方式帮助我们清楚地意识到自己的思维正被束缚在各种条条框框中。

"失败"分为两种

如果还和过往保持同样的思维习惯,采取同样的应对方法,那么无论到什么时候,我们的思维都不会得到拓展。那么,我们究竟应该怎样做呢?答案是:以"150%或200%的完成度"为目标。不是"能"或"不能",而是朝着"200%的完成度"努力,如此一来,"墨守成规"肯定是行不通了,自然需要一些新的创意、新的企划,以及

要想干好工作，就必须不再主观臆断

> 我的判断肯定不会错。

> 从常理来看，这样肯定行不通。

> 这个创意太不现实了。

> 我做不到！

> 那个人不可靠。

> 这个方法之前失败了。

> "主观臆断"会养成坏习惯。请反思自己是不是也存在主观臆断的问题。

新的措施。从这个角度来说，设定"宏大"的目标也是有一定必要的。你是否会产生"要是我那样做了，万一失败了，岂不是会被大家笑话"之类的担心？**倘若在接受挑战后失败，那么就算被嘲笑也不用觉得难为情。遇到挑战时，一味地找借口逃避，选择什么都不做，才是最应该感到可耻的行为。**

请别再把自己禁锢在过去的经验中，不要老是说"我就是××的人""我一直都是这样做的"。或许这样把自己限制在条条框框中，不接受新的挑战会让你感到很轻松。但是请试想一下，用过去的经验把自己放进一个思维的牢笼，扼杀自己未来所有的可能性，这是一件多么愚蠢的事。人只要活着，就有无限种可能性。

point

① 主观臆断是干好工作的绊脚石。
② 摆脱主观臆断的禁锢，朝着 200% 的完成度努力。

35 养成"投资"自己的习惯
投资"时间"和"距离"才能拉开自己和别人的差距

投资时间，让自己成长

听到"投资"这个词时你会想到什么？是资产运营、股市投资，还是不动产投资？如果你有这方面的需求，同时投资还能让你感到兴奋和期待，那么完全可以去投资。

但我想给大家推荐的是对时间和距离进行投资。时间需要你用各种方法去创造，所以无论是工作还是娱乐都应该用尽全力。除此之外，也请 ==为自我成长投资些时间==。

大家可以试着思考一下，在今后的5年里，你会为自我成长投资多少时间？为此，你需要自己创造出必要的时间，以自己的意志投资。

在我看来，投资就是一样东西能发挥的价值高于我为购买它所支付的费用。如果它的价值等同于我所支付的费用，就是"消费"；当它的价值低于我支付的费用时，就变成一种"浪费"。

实现自我成长的方法和途径是多种多样的，比如我们可以去读书、参加研讨会、接触艺术，以及为自己的兴趣爱好花费时间和金钱，以此来刷新自己对世界的认知，加深对自我的观照。

但是，也有这样一种情况，你觉得自己是在做投资——为一些坚持很久都没有效果的事花费大量时间和金钱，可是，有可能那只是一种消费，甚至是浪费。

什么是"投资""消费""浪费"？

投资

消费

浪费

价值高于耗费的金钱和时间。

价值等同于耗费的金钱和时间。

价值远低于耗费的金钱和时间。

勇于下决心"为自我成长投资"其实也是一种投资。

不可忽视"执行力的差距"

另外一种投资是"对距离的投资"。举例来说，如果你因为"其实我挺想去参加那个研讨会的，可是会议地点太远了"之类的理由而犹豫不决，那么不管到什么时候，你都不会有实质性的行动。

不要考虑地点或者距离，只要你觉得"我需要这个"，就立刻行动起来吧。

大家应该对"知识多寡的差距"再了解不过了。但是，**"执行力"却会在日后逐渐将你与别人之间的差距拉开到意想不到的程度**。

请不要忘记对勇气进行投资，始终坚定地为自我成长不断地投资"时间"和"距离"。

point

① 请为实现自我成长而投资时间和距离。
② 比起知识，缩小"执行力"拉开的差距要难上许多。

36 生活需要"自信",而非"他信"

怎样才能"相信自己"?

"自信"与"他信"的区别

"自信",按照字面意思来理解,就是相信自己。换句话说,要想拥有自信,就不要在意他人对你的评价,只要相信自己就足够了。

也许有人认为"工作顺利了,我也就有自信了"。但是,那不是相信自己,而是相信"工作的结果"。

倘若"因为获得他人的认可而拥有自信",那就不是相信自己,而是相信他人。

同样,"有相应的根据才被信任"也是相信"根据",而非自己。

仔细思考一下就能明白,这些都是"他信",而非"自信"。

我们经常听到有人说自己"没自信",但事实上,我们并不能用"有"或"没有"来讨论自信。

只要你相信自己,你就能立刻拥有自信。

要相信自己,确信自己在朝着目标和理想不断前进。

想想那些相信你的人

或许有的人对"相信自己"的理解很模糊,并没有一个非常具象的认识。针对这部分人,我的建议是想想那些相信你的人。

所谓拥有自信不是被大多数人喜欢,更不是获得大多数人的认可。只要能被公司同事、前辈,抑或是家人、伴侣中的某一个人喜欢、认可,你就可以自信起来。

"他信"和"自信"

他信

工作顺利、被他人认可、做出成绩的话，应该就能拥有自信。

自信

收集信息，验证过往的经验，独立思考后也听取别人的意见，就可以付诸实践了。

要想自信地决定些什么，就需要时刻铭记"有些事根本没有标准答案，你只能自己收集信息，独立思考"。

即使只有一个人愿意相信你，那么哪怕是为了那一个人，也请相信自己。

point

要相信自己，就需要确信自己在朝着目标和理想不断前进。

37 "好的错觉"能为实践服务
你的自信不需要任何根据

错觉会变成"没有根据的自信"

正如前面提到的,自信并不是"相信工作的结果"。

拥有自信就是相信自己——"我可以,我有能力做好"。

换句话说,拥有"毫无根据的自信"是很重要的。

当然,"毫无根据的自信"仅仅是错觉之类的感觉。

但是,==如果能拥有诸如"我可以""我能做好"的肯定性错觉,就能毫不犹豫地迈出实践的第一步。==

即使你的自信一开始只是错觉也没关系。那种"毫无根据的自信"是能够最大限度让你的才能开花结果的源头。

先动起来,如果能取得一定的成果,那么错觉就会转化为"有根据的自信",从而变成你的"确信"。

但是,倘若在这个过程中因为"我可以"而自高自大的话,那么你的成长就会戛然而止。因此,当自己拥有自信后既不能觉得万事大吉,也不能自高自大,要立刻拥有下一个错觉,并将其转化为实际行动。

"好的错觉"足以改变你的人生

即使说我们每个人都是"借助错觉构建完整的自己"也不为过,因为比起不好的错觉,好的错觉才更能让人获得幸福。

所以,请务必时刻拥有正面积极的错觉,想象自己已经达成了目

| **"毫无根据的自信 ＝ 错觉"足以改变你的人生** |

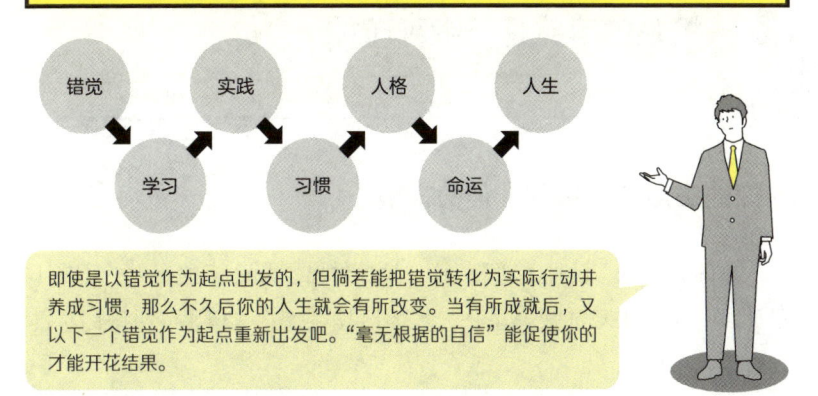

错觉 → 实践 → 人格 → 人生
　↓　　　↓　　　↓
学习　　习惯　　命运

即使是以错觉作为起点出发的，但倘若能把错觉转化为实际行动并养成习惯，那么不久后你的人生就会有所改变。当有所成就后，又以下一个错觉作为起点重新出发吧。"毫无根据的自信"能促使你的才能开花结果。

标、实现了理想，不断告诉自己"我可以"。

如果能养成这个习惯，那么在你回过神来时，应该已经成功变成了"理想中的自己"。

即使是以错觉作为起点出发的，但倘若你能把错觉转化为实际行动并养成习惯，那么在某一刻，这种习惯就会转变成一种性格，而这种性格又会变成你的命运，进而改变你的人生。

紧接着，如果你能拥有新的错觉，那么你的能力就会更上一个台阶。

"毫无根据的自信"完全可以让你的才能开花结果。

point

带着"好的错觉"，相信"我可以"，并不断学习、实践，就会获得好的结果。

38 不要给自己设限
极限的尽头是无限种可能

你的生活方式决定了你的极限

有的人会把"已经到极限了""我都付出了那么多的努力,还是不尽如人意,看来只能放弃了"之类的话挂在嘴边。但是,极限的标准究竟是什么呢?

我想,每个人所感受到的极限都不同,没有标准化的定义或者通行的标准。

当然,物理意义上"极限"的存在是不可否认的。比如,男性无法怀孕、生育;若不借助滑翔机、飞机等工具,人类就无法在空中飞翔。但是,物理意义上的极限之外的极限都是由人心来设定的。很多人习惯以个人认识为标准来设定极限,那么,对那些宽以待己的人来说,他们的极限就会"很低、很近、很快"。

相反,那些严于律己的人,他们的极限就会"很高、很远、很慢"。

换句话说,**所谓极限,不过是个人认识的极限、心理的极限,因此它会随着每个人不同的生活方式而发生变化。**

"极限点"不过是起点

我们往往习惯于以个人认识为标准来设定极限点。虽然嘴上说着"已经到极限了""坚持不下去了",但其实自己还有很大的前进空间,被拦截在前行的路上实在可惜。所以,我们要勇于挑战自己,超

挑战超越极限

"你的极限"不过是你现在所感受到的情感壁垒,而壁垒背后则是一个名为"可能性"的无限广阔的世界。

已经到达极限了。　干不下去了。　还可以坚持。　还没到我的极限。

越自己的极限,不断地告诉自己"我还可以坚持""还没到极限"。

所谓过上幸福美满的生活,其实就是按自己理想的方式度过一生。

而要想拥有幸福美满的人生,我们需要跟随"自己的可能性"生活,而非"自己的极限"。

你的极限,不过是你现在所感受到的情感壁垒;而你的可能性,则是壁垒背后无限广阔的世界。也就是说,现在你所感受到的"极限点",恰恰是你通往无限世界的起点。

所以让我们以心中的"极限点"为起点,选择追求拥有无限可能性的人生吧。

point

① 划定"极限"的是自己的心。
② 你的极限点是通往无限广阔的世界的起点。

39 和别人比较没有任何意义

下定决心 —— 我要先进步

和条件不同的人比较没有任何意义

如果有个人是你短期内的对手，那么你们或许可以进行良性竞争，相互切磋。倘若那是一个你无论如何都不想输给他的人，那么你就要付出比他多十倍甚至百倍的努力。

但是，除了上述这种情况，你决定和某个人或某些人比较、竞争，那就是毫无意义的行为，希望你能尽快停止这种行为。

在学生时代，我们和别人基本是站在同一起跑线上竞争的。当然，即使是同一个年级的学生，在成长环境、能力、技术和经验等方面也不尽相同，但在体育比赛中，高中生和大学生却被分在同一组，遵守相同的规则决出胜负。

但是，一旦进入社会，这种"同一起跑线"就不复存在了。所以，**和那些跟自己"条件不同"的人比较、竞争也没有什么意义。**

和"过去的自己"竞争

明明条件不同，但还要不断地和别人比较、竞争，结果只能使自己成为一个"错误的负面形象"，时不时地沮丧、失落，在一些毫无意义的事情上白白消耗心力。

除此之外，周围的人也许还会不负责任地给你贴上"刚入职的新手""进公司3年的职场新人""公司的中坚力量""经验丰富的老员工"之类的标签。

和"过去的自己"比较

和1年前相比,今天的自己增长了多少经验?

今天的自己是否比半年前更加有勇气接受挑战?

今天的自己是否超越了昨天的自己,哪怕只拉开了1毫米的距离?和1年前相比,自己增长了多少经验?

1年前　半年前　昨天

对比过去的自己,时刻思考"今天的我能做些什么?"。如此一来,明天的你必定会有所成长。

别担心,我们不需要为这些标签而感到困惑、迷茫。

进入社会之后,作为企业或团队中的一员,每一个人都只能一步一个台阶地向上走,没有例外。

那么,我们要怎样努力才能与别人拉开差距呢?答案是:迈上台阶的速度。不管是刚进公司的新人,还是已经进入公司3年的老手,我们都不需要关注"和周围人相比,我怎样",我们只要确定自己在进步就足够了。没必要让所有人都保持一个节奏一同上升。

所以,只要做到"我先进步"就可以了。

如果非要比较、竞争的话,那就和"过去的自己"竞争吧。

point

① 每个人的先天条件和成长速度都不同。
② 如果一定要比较的话,那就和"过去的自己"比较吧。

40 不需要隐藏自己的弱点
接纳自己的弱点，让自己变得更强大

直面自己的"弱点"

我们不需要隐藏自己的弱点，而应该积极地接受这些弱点，与有弱点的自己相处。

如果不能直面自己的弱点，无法与处于各种不同状态中的自己坦诚相见，那么就无法让自己变得强大，因为**努力恰恰是坦诚地面对自己**。

另外，我们不能只是接受自己的弱点。

这个世界上必然会有一个人或者一部分人非常理解你，但是，如果你只是一味地坚持用自己的力量构建自己的话，那么你肯定无法找到那个真正理解你的人。

只有完完全全地把"自己的一切""真正的自己"暴露出来，你才能找到那个非常理解你的人。

与此同时，如果你不能以真性情与别人交往，那么无论何时，对方也都是带着某种目的在和你来往。

人际关系的原则

把自己的弱点、怨愤、敏感，以及其他不讨人喜欢的部分完全暴露在大庭广众之下，对任何人来说都是一件令人恐惧的事。

但是，即使感到战战兢兢也没关系，当你向那个"理解你的人"展示自己的全部时，你的世界观肯定会发生变化，同时会从内心深处

认识自己的弱点

> 如果不能直面自己的弱点,你就始终无法克服它们。

敏感 忍耐力不足 怨愤 焦躁 嫉妒

感到被救赎。为此,我们需要在生活中不断聆听自己内心真实的声音。

在我看来,人并没有善恶之分,有的只是"容易受伤的人的心"。

所以,**与其责备他人,不如接纳自己不成熟的一面**。

不管面对什么人,我们都应该用各种办法,在自己的能力范围内利用所有时间,以善始善终的人生态度不断拼搏。

point

① 接纳自己的弱点。
② 不要美化自己,以自己最真实的样子和他人交往。

41 什么是无形的"顶级能力"？
让面前的人感到快乐

什么样的人最受欢迎？

你觉得自己是一个"受欢迎的人"吗？

一个人要想得到周围人的喜欢和赞赏，首先要展示出自己"好的成果"，这是理所应当的。如果还想进一步提高自己的人气，那么这个人除了展示好的成果，还必须使自己成为别人期待的样子。

不被上司看好的部下、不被用户或股东看好的企业都是绝对无法获得幸福和成功的。

也许有人会说："我从不在乎别人的目光。"但是在我看来，只有那些在过往的人生历程中已经取得了一定成就的人才有底气说出这句话。

"受欢迎"是一种无形的能力

就算有人坚持"我从不在乎别人的目光"，但人始终是社会性动物。我们不能否认，一个人只有获得别人的认可，才能实现自己的价值。

请大家记住以下三个对不幸福的人下的定义。

不幸福的人可以被解释为"不被别人珍惜的人""不会感恩他人的人"，以及"不会被他人感恩的人"。

幸福的人是职场、家庭，以及朋友都对其抱有期待的人，他们是很受欢迎的人。

不幸福的人的三个定义

幸福的人使周围的人对他们的存在抱有期待，他们是受欢迎的人。那些在周围的人看来"可有可无"的人，自然不会有好运降临到他们身上。

不被别人珍惜的人

不会感恩他人的人

不会被他人感恩的人

让周围人产生"有他没他都无所谓""还不如没有他"印象的人，好运应该不会眷顾他们吧。

"受欢迎"这种看不见摸不着的东西，正是一个人最顶级的能力。

让我们成为能让别人说出"和你在一起真开心""能从你身上学到很多东西""有你在，我就有了拼搏奋斗的动力"的人吧！

你的身边应该也有几个人会说这些话吧！那么我们就努力让能够说出这些话的人变得越来越多吧！

只要你有意识地使自己变成受欢迎的人，那么总有一天，你的"粉丝"也会越来越多的。

point

拥有"受欢迎"的能力，有意识地让眼前的每一个人高兴是至关重要的。

42 "睡前的一句话"让大脑变得清晰

给大脑做大扫除

人睡着之后大脑依旧在不停地运转

大脑在我们睡着之后依旧在不停地运转，所以，你入睡前的情绪会大大地影响你的睡眠质量，以及你第二天的精神状态。

晚上睡前的10分钟和早上起床后的15分钟一样，都是大脑的黄金时间。作为关键的睡前行为，我建议大家**养成用"睡前的一句话"清理大脑的习惯**。

说一句"晚安"当然也很重要，但是还请大声地说出另外一句能够给大脑带来正面影响的话。比如，我每天都会这样对自己说："今天也是很不错的一天，辛苦你了；明天也成了幸福的一天，谢谢你。"

这是对今天的感恩和对明天的预判，而且还特意把明天的事描述成已经发生的事。事实上，每一天都会发生很多事，有好事，也有坏事。但无论发生什么样的事，我都会用这句话做总结。

对大脑来说，它听到的语言没有真假之分，它会把所有信息都作为事实接收。所以，即使是假话，也要有意地使用一些不会让大脑产生怀疑的肯定性表达。我把这个习惯叫作"给大脑做大扫除"。

对大脑来说，"睡前的一句话"至关重要

在对大脑进行清洁时，有一点需要注意，那就是对自己说完下定决心的话之后，就直接上床睡觉。举例来说，倘若你在说完下定决心的话之后，接着又嘟囔几句"呃……""可是……"等否定性的话，那

给大脑做大扫除的方法

除了大声说一些肯定性的话,手写能够进一步加强清洁的效果。

① 写下今天发生的"好事"。

TIP
越是心情沮丧的日子,越要写出很多值得开心的事。

② 写下今天还可以改进的地方。

TIP
越是幸运、开心的日子,越要写出很多改善点。

③ 写下"明天的对策和决心"。

TIP
对策和决心不能用"想……"之类的表达,要用"会……""要……"等肯定性的表达。

就前功尽弃了。当你又无意识地说了些否定性的话时,请再重新说一次下定决心的话。

对大脑来说,"睡前的一句话"至关重要。如果在睡觉前,你都在做一些负面、消极的表达,那么在你睡着之后,在你的潜意识中,"可是……"之类的想法就会不停地循环,到了第二天早上,你的大脑也会以一种负面的状态重启。

point

临睡前做一些肯定性的表达,能使你的潜意识留下正面积极的印象。

方法 ⑤

每天早晨的"寒暄"助你交好运

早晨的"寒暄"助你交好运

今天早上,你有没有满怀诚意、热情地对某个人说一句"早上好"?

寒暄不仅可以让对方感到开心,也是作为与对方建立某种关系的敲门砖。

早上见面时问候一句"早上好",看起来是很平常的打招呼方式,却是能够左右你一天情绪的关键之举。

早上的低落情绪所造成的负面影响,跟你自己相比,更容易波及你周围的人。所以,==早上最好不要"恶言相向",也不要说一些"消极的话语"==。与其做出这些负面的表达,不如说一些对别人有益、让别人开心的话。寒暄是一个观察说话对象的过程。如果你对别人的关照能够传递给对方,那么对方自然也会体谅你的心情。

所以,早上碰面时,让我们主动对别人说一句"早上好"吧!

==要想获得好运,请从寒暄做起==。早上的一句寒暄或是几句问候,足以鼓励别人,让他也能用好心情开始新的一天。

不可思议吧!简简单单的一句话却能带给对方积极的能量。

第五章

"有所成就"的人在用的思维技巧

有所成就的人在工作时往往会先思考"要想实现目标,我需要做些什么?",然后再行动。为了做出成绩,"享受工作"的态度也是非常重要的。工作时必然会遇到意料之外的状况和麻烦,这就要求我们不惧变化,灵活适应变化,从而在面对突发事件时能够沉着冷静地应对。

43 "工作能力强的人"的共同点是什么?

做你该做的事

"工作能力强的人"的共同点

有所成就的人往往都有一个共同点,那就是始终在做该做的事。这个道理可能谁都明白,但总会在做的过程中打折扣。

我们要时刻提醒自己"这样做究竟是为了什么?",在思考如何让自己成长的同时,不断挑战其他事,比如领导指示的工作、课题等。能够这样实践的人,最终必然会取得一定的成绩。

无论你是刚步入职场的新人还是公司里的前辈、中流砥柱、管理人员,就算你是社长,都应该作为企业的一员,去接受和理解周围人或者整个社会对你的期待。

工作的价值和意义取决于你自己

诺贝尔和平奖获得者、美国黑人牧师马丁·路德·金曾在演讲中这样说道:

> 如果一个人是清洁工,那么他就应该像米开朗琪罗画画,贝多芬作曲,莎士比亚写诗那样打扫街道。他的工作完成得如此出色,以至天空和大地的居民都会对他赞美:"瞧,这儿有一位伟大的清洁工,他的活儿干得真是无与伦比地好!"

时刻提醒自己："我做这份工作究竟是为了什么？"

要想在工作中做出些成绩，关键在于提醒自己："我做这份工作究竟是为了什么？"

公司、上司、同事，以及这个社会究竟对我抱有怎样的期待呢？

工作的价值和意义并不取决于工作本身，而是取决于"某人是如何看待并完成工作的"。

世界上没有无聊的工作，只有断定工作无聊的思维方式；同样，世界上也没有无意义的工作，只有让工作失去意义的思维方式。

要想享受人生，关键在于给工作赋予意义并创造价值。

point

① 世界上没有无聊的工作。
② 某人是如何看待并完成工作的，这决定了工作的价值。

44 要想实现目标，就要考虑什么是必不可少的

要对结果抱有使命感

使命感分为两种

使命感就是对别人交给自己的任务有清醒的认识，能做到身体力行并努力将其完成。

那么，你是抱着怎样的使命感对待工作的呢？我们试图将使命感分成两种。

第一种是对任务的使命感。比如，"别人给我安排的工作，我都完成了""按要求完成了工作，对整理、整顿之类的事的动机也都认识到位了"。

第二种是对结果的使命感。比如，"为了完成目标，我下了一番功夫，最终成功了""这次的项目让我成长了许多，下次遇到类似的问题我应该就能应对自如了""在整个团队默契的配合下项目顺利完成了"。

倘若仅重视对任务的使命感和责任感，那么就容易满足："他说的我都做完了，这下应该就没我的事儿了吧。"但是，正如前面所列举的第二种使命感的例子一样，只有获得良好的结果，才算真正履行了自己的责任，完成了自己的使命。

要想实现目标，我需要做些什么？

所谓的使命感和责任感，必定与人际关系有关。如果对公司没有归属感，对上司不再尊敬，也不再爱护家人，那么人就会变得缺乏责

使命感分为两种

对任务的使命感
他交给我的工作，我都完成了，这样就够了吧？

对结果的使命感
要想把事情办得更漂亮，我应该做些什么呢？

"只有获得良好的结果，才算真正履行了自己的责任，完成了自己的使命"这一观念是尤为重要的。我们要时常反思，不断思考为了做得更好，变得更强大，我需要做些什么，然后将思考的结果付诸实践。

任感，个人能力自然也会越来越弱。

但是当一个人始终关注"要想做得更好，我需要做些什么？"时，他往往又容易被贪欲牵绊。

因此，我们要时常回顾过去，并思考要想变得更强大、更优秀，自己还需要做些什么，然后将思考的结果付诸实践。

也就是说，在<mark>每一次行动前都认真思考"为了实现目标，我需要做些什么？"，这是尤为重要的</mark>。

让我们学会反思，带着使命感去完成每一项工作任务。

出色的能力和个性只属于那些有追求且能够达成目标的人。

point

① 重要的是对结果抱有使命感，而不是任务。
② 请思考："为了实现目标，我需要做些什么？"

45 相信直觉
倾听自己的心声

运气好的人大多相信直觉

要想拥有更好的工作，就一定要有梦想和目标。没有梦想和目标的人是缺乏激情的，他们自然也无法获得幸福感。以这样的心情去工作是没有意义的，也很难坚持下去。

比如，==当你犹豫"该选哪一个？"的时候，我建议选择可能会让你充满激情、"看起来比较有趣"的那个==。从直觉出发做出的选择也会让人更有干劲。

运气好的人大多相信直觉。

在灵感闪现的时候立刻采取行动自然是不错的选择，但事实上，运气好的人在行动之前会短暂地思考："真的可以选这个吗？"

任何人都会在面对重要抉择时感到不安和纠结——"总感觉哪里有问题""这样选真的是对的吗？"。

但是，运气好的人会尝试思考产生这种不安和纠结的原因。其实这就是倾听自己心声的习惯。

虽然我也不清楚倾听自己的心声到底有没有科学依据，但直觉往往都是对的。

我想，在人们的潜意识中肯定存在一个希望能变成的真正的自己，那个真正的自己所发出的"我想变成这样！"的呼喊，就是我们的直觉。

不断学习以培养敏锐的直觉

| 不依靠学习,而是单凭直觉做出选择是危险的。 | 通过学习扩展思维,直觉也会因此而变得更加敏锐。 | 在感到不安时暂时停下来也是一种明智的选择。 |

请务必养成"倾听自己的心声"的习惯。

要通过不断地学习来培养敏锐的直觉

世界上没有任何人是"无所不知"的。所以,无论你现在处于怎样的状态,无论你的年龄是大是小,都需要持续不断地学习。

遇到个人感兴趣的题材、内容,我们自然会主动学习,有时为了丰富自己的想象力,也可以尝试学习一些自己并不太感兴趣的东西。除此之外,我们还需要从生活中遇到的每一个人身上学习。**持续不断地学习会让我们拥有更加敏锐的直觉**。

point

① 直觉是内心的呼喊 ——"我想变成这样"。
② 倾听内心真实的声音并坚持不断地学习是非常重要的。

46 把工作看作一场有趣的游戏
在工作中寻找乐趣

工作是必须要做的事吗?

当被问到"你是为了什么而工作的?"时,也许大多数人都会回答"为了生活"或"为了赚钱"吧。我当然也是这样想的。

但是,倘若我们只是单纯把眼下的工作解读成是为了生活"必须要做的事",那么在面对工作时,我们就会带着抵触的情绪,从而缺乏干劲,更无法发挥个人的创造力。

但是,如果我们把眼下的工作看作一场有趣的游戏,那么我们就能充满激情、干劲满满,乐于反复钻研,也能在工作中激发出个人无限的创造力。

这个道理适用于所有工作。

所以,让我们把此刻正在处理的工作看作一场游戏吧。

有了这种想法的你就会迸发出新的活力,比如"要不再研究研究""要不换个下个项目也能用上的新思路"。

只要用尽全力去做,就能找到其中的乐趣

缺少乐趣的工作是没有意义的。不仅如此,还会让从事这项工作的人产生一种被压迫的感觉。一个人要是带着抵触的情绪机械地工作,那么对他的身心都是一种消耗。

或许有人觉得"工作是一件让人心累的事"。但是,一个人是否能愉快地完成工作,主要在于他如何看待自己的工作。

把工作看作一场有趣的游戏

工作是"必须要做的事"
▼
大脑产生抵触情绪
▼
丧失干劲，不愿钻研，缺少创造力

把工作看作一场有趣的游戏
▼
大脑产生兴奋感
▼
干劲满满，主动反复钻研，迸发创造力

把工作看作一场有趣的游戏，沉浸其中，让工作成为一件有趣的事吧！

只有一个人的看法改变了，他的心情才能改变，对待工作的态度也才能随之改变。

要想改变自己的看法就需要先调整自己的心态。在此基础上寻找工作中的乐趣，尝试快乐地面对工作。

试试全身心地投入工作，工作结束就全身心地放松、玩耍。

不是因为有趣而努力去做，而是努力去做，才会找到乐趣。

point

① 工作不是必须要做的事。
② 把工作看作一场有趣的游戏，就能从中找到乐趣。

47 拓展视野，提高站位
保持"站在所有人的视角看问题"的习惯

试着站在所有人的视角看待工作和业务

在推进工作的过程中，保持"站在所有人的视角"看问题是一个尤为关键的习惯。"站在所有人的视角"其实就是改变看问题的角度。比如站在<u>上司、社长、同事、客户等的角度，无关男女老少，试着成为某一个与你有关的人，站在他的角度看待、思考眼下的问题。</u>

试着站在不同的人的视角感受、思考、想象，就能发现工作和业务的价值，以及获得机会的重要性。

比如，每次听到上司的发言，在内心吐槽"又开始了""每次都是这些陈词滥调"的你，和即使听到上司说同样的话，也会站在"同样的内容为什么要反复强调呢？"的角度思考的你，收获必然是不同的。

拓展视野也是很有效的方法。不仅局限于你目前坐的办公桌、面对的电脑、所接受的工作等，你还应该有意识地关注、思考自己所在的整个部门，以及手头上工作的上下游是由谁来负责的。一旦这么做了，你就能纵览整个工作的过程，也能看清自己在同事眼中究竟是什么样的。

尝试"站在所有人的视角看问题"

一个人倘若一直站在自己目前的位置，就只能看到面前的人。

但是在身处 2 楼的人看来，除了自己和面前的人，他还能看到更多的人和更广阔的风景。那么站在 5 楼或 10 楼的人又会看到什么样的

改变"视角""视野""站位"

改变视角
如何才能真正理解上司的指示?

拓展视野
除了完成自己的工作,还要尝试关注整个团队的工作。

提高站位
试着站在"部长的立场"思考问题,而不只是自己的角度。

看待事物的角度并不是唯一的,请一定要养成从不同的角度看待、思考工作的习惯。

风景呢?除了自己和面前的人,他自然还能看到更远处的风景。

就像"坐标轴"一样,我们需要尝试站在不同的位置。首先需要确定一个自己的坐标,其次是所属部门,接下来可以延伸到所在的公司,最后是整个行业或社会。

你平时是站在哪个坐标的位置看待、思考工作的呢?如果团队里的每一个人都能把当下自己所在的坐标提高一级来看待、思考问题并付诸行动的话,那么这支队伍就会无比强大。

point

① 改变视角以找到问题所在。
② 提高站位以看到工作的全貌。

48 养成在对话中加入数字的习惯
用数字表示期限和现状

"工作能力强的人"从不使用模棱两可的表达方式

那些在周围人眼中"工作能力强和有所成就的人",从不使用"看情况""我尽力"之类模棱两可的表达方式。

取而代之的是"马上做""××日之前完成"等,**他们会选择使用一些非常具体的数字,告诉对方什么时候要做到什么程度。**

在职场上,设定具体的期限——什么时候完成尤为重要。

如果不能事先考虑好"绝对不能妥协的期限",很多工作都无法高效推进。

如果你在无意识中会使用"总会做的"之类的表达,就请立刻改掉这种语言习惯,养成在对话中给任务完成时间加上期限的习惯,比如"×月×日前完成××"。

在对话中加入数字,让对方放心

工作是建立在和公司同事、上司,以及客户的"约定"之上的。而约定越具体、越清晰,就越能使对方感到踏实。

因此,除了具体的期限,**在对话中加入具体数字的方法也非常有效。**

举例来说,当上司提问"让你做的工作,现在进展到什么程度了?"时,如果答道"没问题""还差一点儿,很快就能提交",那么在这种情况下,对具体情况一无所知的上司就会很焦虑——"没问题

告知对方具体的期限和状况

当被问到"什么时候能完成?"时。
- ✗ 我尽力。
- ✗ 15日提交。

当被问到"工作进展到什么地步了?"时。
- ✗ 没问题。
- ✗ 已经完成了80%左右。

这个方法不仅适用于部下向上司汇报工作的情景,当上司给员工下达指示的时候,用诸如"加油""你想想办法"之类含糊不清的表达,也无法保证将意图准确传达给对方。

到底是没什么问题?"还差一点儿,究竟差的是什么?""什么时候能做完?"。在这种情况下,除了准确告诉对方什么时候能提交,还可以使用具体的数字告诉对方具体的状况,比如"已经完成了90%",如此一来,对方就会很放心。

再比如,上司提出"提高销售额""强化市场营销"等目标,那么究竟应该做到什么程度呢?下属是无法理解这样含糊的表达的,但是倘若能将目标量化,比如"将销售额提升2倍""将客户走访率提高1.5倍",就能激发员工的积极性,进而提高他们的执行力。

point

① 告知对方什么时间要做到什么程度。
② 在对话中加入具体的数字。

49 关键在于思考,而非苦恼
比起发泄情绪,不如注重理性思考

遵从理性,思考"应该如何应对"

从我年轻的时候起,就总被恩师教导要少烦恼,多思考。当时的我还不太能理解这句话的深意,直到最近,我才对这句话有了切身体会。

少烦恼,多思考,具体来说就是不被无助、失落等情绪左右,时常保持冷静淡然。

被情绪掌控,不断向他人抱怨、发牢骚,不过是有意让自己的大脑陷入消极状态,是毫无意义的行为。

==就算遇到不尽如人意的事情,也要遵从理性,冷静地思考应该如何应对。==

训练"擅长随机应变的自己"

工作时,你接受的挑战越多,就越容易碰壁,然后陷入困境。在这个过程中,你自然会受到打击,感到愤怒。这种愤怒的来源是多种多样的,既有对自己、对他人的愤怒,也有对周围环境、对当前境遇的愤怒。这时,我们就要在大脑中分析当下所面对的状况。

==无法接受逆境的人,在这个阶段,会逃避遇到的困难和意外情况。==人只要逃避过一次,那么当再次遇到同样的问题时,他依旧会选择逃避,放弃挑战,慢慢丧失自信。

那么,在面对逆境时,我们应该怎么做呢?

感性人和理性人的区别

感性人
出现意外
▼
拒绝、逃避，怪罪于环境和他人
▼
放弃挑战，逐渐丧失自信
▼
下次出现同样的情况依旧选择逃避

理性人
出现意外
▼
接受，并冷静地思考应对之法
▼
下次出现同样的情况依旧可以应对
▼
遇到新的障碍和困难同样可以克服

> 无论遇到什么困难，身陷何种绝境，都冷静地接受，并把它看作一次机遇，由此让大脑受到正面的影响，从而产生"努力拼搏"的想法。

答案是：接受当下的状况。当你接受了眼前的现实，大脑就会重组，从而重新产生"努力奋斗吧！"的想法，就算在后来的日子里遇到了同样的状况，依旧能够鼓起勇气接受挑战。

当今社会需要的，正是能够应对未来急剧变化的能力。所以，我们要训练的不是在眼前的状况下游刃有余的自己，而是擅长随机应变的自己。

point

① 在被情绪左右后，大脑只会受到消极的影响。
② 请时常保持冷静，理性思考应该如何应对困境。

50 志不立，天下无可成之事
选择能为更多人做出贡献的那一边

事先明确选择困难时的判断标准

"志向与野心不同。在我看来，志向的出发点是整个世界，是他人；而野心则是私利、私欲。在野心的驱使下成就的事业，最多只能延续一代；然而必然会有志同道合之人能够继承志向。"

这句话出自 SBI 控股株式会社首席执行官北尾吉孝先生之口。

我们诞生于这个世上，度过或长或短的一生，最后迎来死亡，这是所有人都要经历的。

但是，"无志者，天才可归于平庸；有志者，垄亩亦可飞鸿鹄"。不同的志向决定不同的人生。换句话说，志向的有无，决定了你死后是否还能继续活在人们的心中。

既然如此，**不要浪费有限的时间，你要做的是思考你能给予周围的人乃至整个社会什么，然后将结果付诸实践**。

在为自己考虑之前，优先为大家考虑

前面我提到，在犹豫不知该如何选择时，选择"可能会让你充满激情"的那一个。这里我再向大家推荐另外一个方法。

选择能为更多人做出贡献的那一边。不要先入为主地认为"麻烦""费工夫""不合理""这个很复杂"，而要优先判断你要做的事对团队成员、所在部门、整个公司、整个行业，甚至是对全社会能有多少贡献。

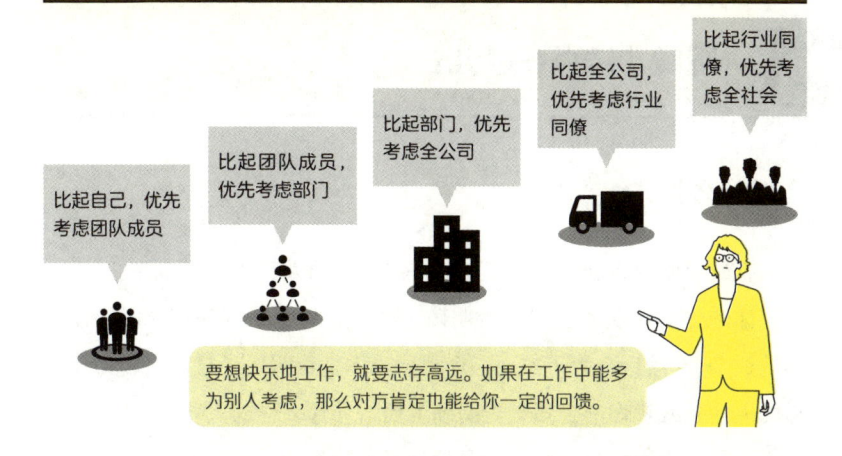

选择能为更多人做出贡献的那一边

比起自己，优先考虑团队成员

比起团队成员，优先考虑部门

比起部门，优先考虑全公司

比起全公司，优先考虑行业同僚

比起行业同僚，优先考虑全社会

要想快乐地工作，就要志存高远。如果在工作中能多为别人考虑，那么对方肯定也能给你一定的回馈。

我想，只要以此为标准进行判断，应该不会出现大的偏差。

迄今为止，我遇到过很多克服了重重困难，在事业上大获成功的经营者。他们当中不乏为社会创造出了极高价值的人，而这些人做事时的判断标准是一致的，那就是：选择为更多人做出贡献的那一边。

"在为自己考虑之前，优先为大家考虑"的思维习惯，不仅能够让你自己有所成长，还能让你所做的工作卓有成效。

point

① 面对选择犹豫不决时，就选择能为更多人做出贡献的那一边。

② 在为自己考虑之前，优先为大家考虑。

51 有所成就的人都是"能下定决心的人"

明确"终点在哪儿?"

以什么为"终点"?

有所成就的人和团队,都是能下定决心的人和团队。

你和你的团队、公司是否明确了"为了什么""何时""做成什么样的成绩"?然后,为了实现这个目标,你是否明确了自己要成为什么样的人才,或者你的公司是否明确了要培养什么样的人才?

我们总会听到公司社长或是领导者说"想让公司变得更好""要加强人才培养"之类的话,但是在被我问到下面这个问题后,他们当中的大多数人都会陷入沉思。

问题就是:"您所说的加强人才培养,将公司发展壮大,终点在哪里?"

没有终点的马拉松比赛是一件苦差事。因为如果大家压根儿都不知道要跑多久,要跑到哪里,应该如何跑,那么有谁能够一直坚持跑下去呢?

所以,==不论是我们自己还是团队、公司,首先应该明确的就是"终点在哪儿?",然后明确"这样做究竟是为了什么?"==。

只是想着下决心是无法转化为行动的

话虽如此,但要确定"终点"绝非一件容易的事,而且"终点"还会随着时间的推移,以及不同的状况而不断变化。

因此,有时候我们很难设置一个所有人都觉得合理或是能完成同

没有终点的马拉松比赛是一件苦差事

不知道终点在哪里

到底要跑到什么时候,跑到哪里啊……

有明确的终点

就只剩 10 公里了,再跑 50 分钟左右就到终点了。

只有明确了终点,人才能朝着终点奋力奔跑。倘若不知道终点在哪里,那么人就不知道现在自己处于什么位置,在和谁竞争,如此一来自然会缺乏干劲。

一个目标的终点。

但是,只要尝试去思考"以什么作为终点?""这样做究竟是为了什么?",或许就能找到"工作的意义"和"活着的意义"。

其次,通过设定终点,也请思考如何才能让自己行动起来。

如果只是"想要"下决心,那么无论是任何人,都无法将这个想法转化为行动。这里的任何人自然也包括你。不论是个人还是团队,倘若没有设置一个明确的"终点",那么这个人或团队都很难变得比现在更幸福。

point

① 在一场马拉松比赛中,如果不知道终点在哪里,就很难坚持跑下去。
② 只有明确了终点,大家才能更容易地行动。

52 成功的捷径就是不断重复失败
失败也是可遇不可求的机会

我们该如何看待"失败"

在第二章中,我向大家介绍了一句硅谷的流行语——"快速失败,经常失败"。但是,据说除了这句话,硅谷还有"失败驱动创新""失败才是硅谷强大的源泉""将失败视作一种财富,是孕育成功企业家的土壤"之类有关失败的文化。

"想做→挑战→可能会失败"是理所应当的,只有在推崇"失败也是难得的机遇"的环境中生存、成长的人,才能拥有充满无限可能的未来。

相反,一个企业如果无法接纳失败,并将失败本身视为一种恶,想必其也很难培养出具有创业家精神的人才,在企业内进行改革创新更是难上加难吧。

现在的你,身处何种环境中呢?如果你是一名管理者,抑或是经营者,那么你应该给自己的部下创造一种什么样的环境呢?

能否有效利用失败取决于你自己

或许是受到日本传统的羞耻文化的影响,即使是在现代社会,我们依旧倾向于以失败为耻。

但是,当今时代正处在剧变之中,我们是不是也需要推崇"快速失败,经常失败",把它当作自己的信条呢?

虽说并不是什么值得骄傲的事,但我本人也经历过很多次失败,

失败 = 经验

> 失败就是告诉我们应该在这一刻放弃,及时止损。让我们将失败视作经验,不断挑战并改善,让自己做得更好。

想做　　挑战　　可能会失败=经验

> 不要将关注的焦点放在失败本身,应该更多地关注经历失败的我们应该如何行动。

如果要分享我失败的经历,估计 24 小时都说不完。这么多次的失败,在今天的我看来不仅是美好的回忆,也是很好的谈资。最重要的是,它们是我最宝贵的学习材料(虽然在经历失败的时候我并不是这样认为的)。但是,**如何看待失败,以及如何将这些失败的经验运用在下一次实践中,都取决于你自己**。

事实是唯一的,但看待它的角度却是无限的。

看待事物的角度,换句话说,就是你在每一天、每一个瞬间接受信息的习惯,它决定着未来的你的一言一行。

point

① 对失败的恐惧,会让人无法接受挑战。
② 如何看待失败,以及如何将这些失败的经验运用在下一次实践中,都取决于你自己。

53 整理桌子，减少"杂音"
"工作能力强的人"往往擅长"断舍离"

明确"断舍离"的标准

"工作能力强的人"和"工作效率高的人"身上有一个共同的特点，那就是擅长整理整顿。更准确地说，他们拥有的物品本身就很少。

我想，这两种人除了能不过多地囤积物品，在"断舍离"方面应该也有自己的一套标准。

如果这个标准很明确的话，那么一个人在刚开始工作时就不会有很多物品，自然也不会囤积很多东西吧。

我以前也是一个很难"断舍离"的人，总是想着一些东西"以后肯定能派上用场"，或者"可能下次遇到同样的项目时，这个东西还能用得到，扔掉就太可惜了"。

眼下我们正身处一个物质极其丰富，同时环境、市场在高速变化的时代，技术革新的速度在不断加快，杂音也在持续增多。

在这个时代，就算把所有东西都留在身边，今后它们能派上用场的机会也少之又少。

不要把什么东西都攒下来

你的办公桌现在还整洁吗？是不是一个可以马上行动的环境呢？

如果桌面上的东西太多，就会影响我们的工作效率，导致我们无法很快进入工作状态。**只有在整洁、有条理的办公环境中，一个人才能有清晰的思路，从而能在瞬间判断出眼下应该做什么，不应**

"工作能力强的人"擅长整理整顿

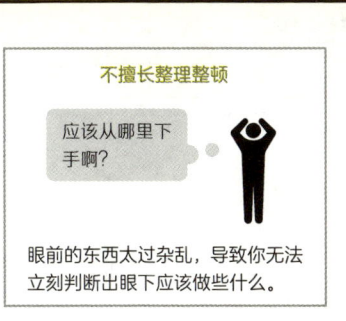

不擅长整理整顿

> 应该从哪里下手啊?

眼前的东西太过杂乱,导致你无法立刻判断出眼下应该做些什么。

擅长整理整顿

> 接下来的2小时就集中注意力干这件事吧。

减少视觉干扰,即可快速专注于眼下应该做的事。

整理整顿是提升个人能力的关键契机,尤其是判断"现在的我需要什么?"的能力。

该做什么。

当东西过多时,所有视觉信息都会进入大脑,你就自然很难将注意力集中到眼下该做的事情上。所以,记住不要把所有东西都攒下来。

摒弃"先留着,日后会用得上"的想法,尽可能地减少桌子上的东西,养成整理书桌的习惯。这样一来,你在工作上取得的成果也会产生质的变化。

point

① "工作能力强的人"擅长整理整顿,身边的物品也很少。
② 只要养成整理书桌的习惯,你的工作效率就会有所提升。

54 带着信念工作
工作中需要有坚定的信念

工作的意义是自己赋予的

你每天是带着什么样的心情在努力工作的呢？你是否能够坚定地说"我是带着信念在工作的"？

首先，让我们搞清楚"对工作的信念究竟是什么？"吧。请先思考这样一个问题，你是否想通过工作实现些什么？或者，是否想通过工作达到某个目的？

这个问题没有绝对正确的答案。你只需将此刻脑海中浮现的想法表达出来就可以了，比如"想提高工作的质量""珍惜和同事、周围的朋友之间的沟通和交流"。只要是此刻你最想达成的目标就足够。**不要漫不经心地对待工作，要带着信念努力工作**。

工作的意义是自己赋予的。

让大脑变得"愉快"的条件

在本书的开头提到的西田文郎先生，将享受痛苦和努力的能力称作"苦乐力"。他说："要享受痛苦和努力，其实是有一些小窍门的。要说为什么那些成功人士能够完成一些在别人看来极其困难的事情，那是因为他们有着明确的目标和目的，同时高度肯定自己。这种人即使遇到困难或失败，也相信自己可以战胜一切。而正是这股相信自己的力量能够让大脑变得愉快。所以，他们才能享受痛苦，从而不断实现自我成长。"

什么是"认真"?

所谓的"认真",就是坚守"和自己的约定"。当周围的人感受到了你的"认真",就会给你带来"好运"。

① 自己下决心
加油干!

② 坚持
坚持到底!

③ 慢慢地感受到其中的乐趣
激动!

④ 周围的人主动伸出援手
我们来帮忙!

不论你多么坚信自己已经很认真地在做了,只要没有让周围人感受到你的认真,那就说明还不够。

一旦到达了③这个阶段,那么周围的人就会自然而然地想到:"有没有什么是我能做的?""要不我帮他做点儿什么。"他们会主动与你产生一定的交集。

当形成这样一种局面时,就证明你的"认真"已经传递给了周围的人。

point

① 只有那些相信自己且不断努力的人才能获得回报。
② 当你认真起来,就会具备一定的号召力,让周围的人集中到你身边。

方法 ⑥

养成"面对事实"的习惯

无论信息多么丰富,事实都是唯一的

我个人的宗旨是"不要相信一切,也不要怀疑一切"。

因此,我所做的就是尽可能地用自己的眼睛观察,用自己的耳朵倾听,用自己的手触摸,用心去感受并不断确认。

眼下我们正处于一个信息大爆炸的时代,但这些信息往往是片面的。举例来说,提供信息的人有时会依照个人意愿,对信息的内容及传递信息的方式"施以颜色"。或许,==几乎所有信息都"被涂上了颜色"==的说法更准确。

所以,不轻易相信就变得尤为重要。

最起码,==我们不能变成那种根据个人好恶挑选信息的人。==

无论信息量有多大,事实都是唯一的。因此,我们要使出浑身解数来面对纷繁复杂的信息。

为了弄清事实,我们可以选择走出去,也可以通过其他方法询问,抑或是听取其他人的意见。

即使对自己来说是很"惨痛"的信息,我们也要养成直面事实的习惯,始终保持诚实,亲自去感受、确认,然后相信自己感受到的东西。

"人际关系"可以改变你的一生

商业哲学家吉米·罗恩曾说过:"你是你最常接触的五个人的平均值。"言下之意就是,你和谁交往,决定了你的思维方式和行为方式,进而会改变你的人生。换言之,要想改变人生,就需要接触比自己优秀的人。

55 和那些能让你拥有正能量的人相处

你的人际圈决定了你的人生

和比自己优秀的人交往

我们总会听到这样一句话："人生因相遇而改变。"但事实上，只是和一个人相遇并不会改变任何东西。

"遇见谁，和谁在一起，如何报恩"决定了你的价值，而并非只是与人相遇。

要想提升个人价值，就需要和那些比你优秀的人交往。

举例来说，如果你想在职场上有所成长的话，就应该和那个你所憧憬的职场偶像多接触、多来往，然后不断效仿那个人的工作方式、对工作的思考，以及他的思维方式，以此为标准来调整自己的观念。如果你崇尚更自由的时间，想要过上更丰富的生活，那么就和你心目中已经过上理想生活的模范相处，不断学习他的人生观，尝试保持与他类似的行为方式。

人总是会受到周围人的影响

我们应该极力避免和那些"消极的人"来往，因为消极的情绪和负能量，会很轻易地把更多人吸入那个"黑洞"。习惯否定一切、不断失败、不被好运眷顾的人，最终给你带来的负面影响是不可想象的。也许这么做听起来很无情、很冷漠，但现实就是如此。人与人之间的确需要互相善待、互相帮助。但是，当一个人根本没有任何正能量，也没有任何好运气，那他又如何能够帮助别人呢？

重要的是被谁的生活方式影响

如果有一个人符合你理想中的模样，他的状态是你一直以来都很羡慕的，那就尝试效仿他的行为方式，以他的人生观为标准，不断调整自己的价值观。

①某个时间，遇到某个人。

②你被他的生活方式打动后，和他一起做了什么？

③你在和他的交流中感受到了什么，又学到了些什么？

④你有没有为了回报他而做出努力？

　　我们需要和那些拥有模范人生观的人交往，因为他们能够提升我们的个人认知水平。

无论我们多么坚信自己是正直、坚强的，我们都会受到周围人的影响。

　　积极向上的人往往会和那些习惯进行正向思维以及充满活力的人交往。换句话说，你自己得是一个"那样的人"。这也是很关键的。

　　归根结底，人最终只会和那些能释放出与自己相同能量的人交往。

point

① 要想实现个人成长，就应该和比自己优秀的人交往。
② 请尽量避免和消极的人来往。

56 环境造就人
关键在于"你是什么样的人"

你会遇到什么样的人取决于你自己

人会不断调整自己的行为方式,以适应那些平时与自己相处的人的思维方式。这叫作适应法则。

我认为我自己就特别符合这个"适应法则"。

商业哲学家吉米·罗恩曾说过:**"你是你最常接触的五个人的平均值。"**

所以,当你希望自己能变得更强大,能继续成长时,你需要做的第一件事就是用自己的力量找到那个你要效仿的模范,然后积极主动地和他交流。

换句话说,就是环境造就人。这里的环境指的就是我们与周围的人的人际关系。

而环境的创造者,毫无疑问,正是我们自己。遇到什么样的人,从某种程度上来说,我们是可以选择的。所以,你遇到的每一个人其实都是你自己做出的选择。

所有人都会被他遇到的每一个人影响

人们经常会说:"人是不可改变的。"从某种角度来说,这句话是正确的;但从另一个角度来说,事实也并非如此。

每一个人都或多或少地受到过去他遇到的所有人的影响。人们遇到的是每个人的历史,是他们的人生。

你是你最常接触的五个人的平均值

假设你是你最常接触的五个人的平均值，那么你接触的人不同，你的人生也会不同。

周围的五个人的平均值
＝
你

我们要想对遇到的人产生一些影响，就必须拥有比他过去遇到的所有人都更强大的影响力。

所以，假如你觉得"人是不会变的"，那只是因为你的影响力还远远不够强大而已。

当你的影响力不断变大时，让对方改变的概率也会上升。

虽然不能断言我们遇到的所有人都会改变，但在我们成长的过程中，总会或多或少地受到他们的影响，这一点是毋庸置疑的。然后，人会在这些影响中，慢慢发生改变。

所以，"你是一个什么样的人""你选择什么样的生活方式"其实是非常重要的。

point

① 人际关系可以塑造一个人的思维方式和行为方式。
② 你遇到的人没有因为你而发生变化，是因为你的影响力还不够强大。

57 身边有这种人，应该尽快远离
忽略那些"放弃人生的人"所发出的杂音

越优秀的人经历的失败越多

没有经历过失败，也没有犯过错的人是不值得信任的。因为这种人活在过往的个人经验和主观认识中，他们习惯于逃避麻烦和风险，只去做那些安全的、无趣的事。

所以，不要相信没有经历过失败的人口中的"经验"——"一直以来，我都是这么做的"。这样的话没有任何价值，完全可以无视。

优秀的人往往都经历过很多次失败，也走过很多弯路。因为优秀的人往往有勇气挑战一些新事物。

经历过逆境的人，会看到过得一帆风顺的人永远看不到的风景。在这些时刻收获的经验和知识，会作用于他今后的人生。不仅如此，因为他们有这些经历和体验，才能带给周围的人勇气，给予他们希望。

没能力的人才会说"行不通"

著名发明家托马斯·爱迪生曾说过这样一句话："我并没有失败，我只是发现了一万种行不通的方案。"

正是爱迪生对各种可能性的不否定，才让他创造出了新的事物。

习惯性否定你的上司和前辈，他们之所以会说"你肯定办不到！"，是因为他们自己"办不到"。

无论遇到什么事，那些没有梦想的人和自暴自弃的人的第一反应都是"我做不到"。

不能相信"没有经历过失败的人"

越是优秀的人越会经历更多的失败,因为优秀的人勇于挑战新的事物。

没有什么失败的经验。

墨守成规!

习惯于否定一切!

这行不通吧!

经历过很多次失败。

始终保持正向思维。

从不同的角度看待、思考事物。

应该会很有意思。

遗憾的是,世界上这种人占大多数,所以大家才会习惯说:"就是那么回事,我们也无能为力。"

你和他们不一样,你可以的。请无视那些"放弃人生的人"所发出的杂音。

只要我们坚定地朝着设定好的目标前进,大脑就会自觉将其解读成"我可以"。

如此一来,我们就不会被那些习惯否定一切的人的杂音左右。

point

① 越是优秀的人,往往越会经历更多次失败。
② 不要在意那些习惯否定一切的人所说的话。

58 身边的人是你的一面镜子
只有改变自己，才能改变别人

相遇是必然，分开则是选择

与人相处这件事本身就无法做到让人称心如意。事实上，在我看来，"相遇是必然，分开则是选择"。

我们身边发生的所有事，其源头都与我们自己有关。如果这些必然和选择的结果偏离了我们的预想，那么我们只有继续成长，才能避免出现这种情况。

人际关系的关键在于决心。**决心是指"相信对方的可能性，然后和他交往"，以及"和下决心愿意与对方交往一生的人交往"。**

当然也有和效率更高的人交往的方法，但是要想建立真正有价值的人际关系，最关键的一点依旧是"心理准备"。

也许有人会问："社交难道是这么简单的东西吗？"其实，如何对待对方，如何与对方交往，这种"和他人的关系"恰恰是让我们进行思考的绝佳机会。

与其改变周围的人，不如改变你自己

你身边的所有人都是你的一面镜子。对方的一言一行投射的都是你为人处世的方式。当你遇到困难时，如果身边的人没有向你伸出援手，那么只能说你过去没有帮助过他们。

在职场上亦是如此。你不发火别人就无动于衷，因为一直以来你也是这样做的；部下不信任你，是因为你也从未信任过他们。

时刻牢记，身边的人就是你的一面镜子

对方的一言一行，投射的是你对他们的态度。

你能帮帮我吗？

不好意思，我现在有点儿忙……

身边人之所以没有向你伸出援手，是因为你过去没有帮助过他们。如果想要周围的人有所改变，那么只有自己先做出改变。

也就是说，**要想改变对方给予你的反馈，只需要改变你给予对方的东西就可以了**。

如果想让别人有所改变，就先改变自己；如果想让对方有所成长，就先向对方展示你的成长。

假设相遇是可以选择的，那么对那些你所遇到的人来说，就得带着让你们的相遇成为一生中最大的礼物的决心，让自己不断成长才行。

point

① 对方的一言一行投射的都是你为人处世的方式。
② 要想让对方有所成长，就先向对方展示你的成长。

59 不要评判别人
不要带着评判的眼光看待他人

不对别人做任何评判

要建立一个很好的团队，非常关键的一点就是"不随意评判别人"。

当然，我们或许需要针对对方"做了什么""没做什么"，以及"呈现的结果"进行必要的评判，但是没必要评判对方这个人。

举例来说，倘若团队里每个人对发生的每一件事、每一个结果，都轻易赋予其一些带有个人色彩的意义，那么大家就会基于这些意义产生一定的情绪，并在这些情绪的驱使下各自行动。如此一来，团队自然就不再和谐，所有人共同的目的也会变得模糊不清，最终团队成员就很难朝着同一个方向努力了。

因此，我们需要时刻提醒自己："不要随意评判任何人。"

尝试有意地提醒自己"不要随意评判任何人"

话虽如此，但人终究是有感情的动物，倘若人们都能靠意识把控自己的话，那世上就不会有那么多辛苦的人了。

所以，假设你忍无可忍，就是特别想评判别人的话，请先保留你的判断，暂时将它放到一边。

如果你是一个团队的领导者，那么只要你能有意识地做到这一点，并养成这样一种思维习惯，你的团队肯定会产生翻天覆地的变化。

为什么这么说呢？因为**只要你能做到不带着评判的眼光去看待你**

仅对行动和结果进行评判

> 不要对对方这个人进行评判。

> 真是扶不起的阿斗！

> 还想不想好好干了！

> 可以评判对方"做过的事""没做的事"，以及"呈现的结果"。

> 下次这样做会不会好一些？

> 不要总想着评判别人是好是坏，要评判就看结果吧。

的部下，你对待他们的态度、语言以及行为有所改变的话，那么他们对你的反馈自然也会随之改变。

的确，人无法做到完全克制自己的情绪。说实话，我自己也不能很好地控制情绪，但是，即使一开始做不到有效地控制情绪也没关系，只要你能有意识地关注这个问题，肯定就会有所收获。

不要轻易地评判任何人，更不要随意评判别人是好是坏。如果你能养成这个习惯，那么不仅是你自己，你的团队也会有所成长。

point

① 不要随意评判别人是好是坏。
② 只要你能有意识地关注这个问题，你的团队就会有所成长。

60 不以个人喜好看待人际关系
过度在意个人好恶只会阻碍你的成长

和别人的相遇、相处会帮助你获得自我成长

对别人喜欢或讨厌的情绪不仅会阻碍你成长，还会给周围的人造成负面影响。

倘若始终以"喜欢与否"作为标准来看待人际关系的话，那么你的感受力就会慢慢变弱，更无法拥有宽阔的眼界、灵活的感受力，以及思维方式。

这个世界上有各种各样的人，如果只有在和这些人的相遇、相处中才能实现你的成长，那么不论你是觉得厌烦、不擅长或是格格不入，你都必须努力发现对方和自己究竟有哪些不同。

无论你遇到的是怎样的人，只要你能把与他相遇看作一种了解、学习区别于自己的人生观的机会，那么你和他的相遇就是一件值得感恩的事。如果你能以这种态度和对方交往，你自然就能看到对方身上的闪光点。

倘若你能有这种感受力或是思维能力，那就证明你已经成长了。

试着接纳那些"讨人厌的家伙"

我们都是有血有肉的人，在生活中遇到几个"烦人精"也是难免的。我们每个人生长的环境、遇到的人以及经历都不尽相同，所以我们的思维方式、价值观、目标，以及对生活的意义的定义等自然也不同。

无论遇到什么样的人，与其相处都是你学习的机会

> 原来他有这种想法啊！

> 原来还有这种人啊，真是受教了。

> 还有人会有这种感受啊！

> 虽然他的意见和我完全不同，但还是问问他为什么会这么想吧。

> 我们都是有血有肉的人，在生活中遇到几个"烦人精"也是难免的。遇到这种人，就把他当作反面教材，提升个人修养吧。

在这个世界上，既有温柔善良，善于倾听、理解别人的人，也有和自己脾气相投的人，那么自然也会有刻薄、喜欢否定别人的人，以及与我们话不投机半句多的人。

但是，即使遇到和自己合不来的人，也不要简单粗暴地否定他们——"真是个烦人精""真是个令人头痛的家伙"，先咬咬牙，尝试接纳他们吧。

因为正是有了这些"烦人精"，我们才能在对比中更加珍惜自己喜欢的人、尊敬的人。但是，很多人往往察觉不到这些"烦人精"存在的价值。"烦人精"是我们生活中的反面教材，我们要看到他们的愚蠢和缺点，并引以为戒，告诉自己"不要像他那样浮躁""要变得更强大才行"，这样才能不断提升个人修养。

point

① 无论遇到什么样的人，与其相处都能让自己有所成长。
② 以"烦人精"作为反面教材，不断修炼自己，这也不失为一个良策。

61 机遇总是眷顾那些敢于道歉的人
承认自己的错误并敢于道歉

"帅气的大人"是敢于道歉的人

在我们向着梦想不断挑战的征途上，总会不可避免地被周围人指责——"真是失败啊！"

我们是出于好心努力工作的，但无论我们怎么追求完美，总会遇到不尽如人意的时刻。有时即使已经用尽了全力，也依旧在不经意间给别人造成了困扰，甚至还会伤害别人。

这种时候，就勇敢地说一句"对不起"，做一个敢于道歉的"帅气的大人"吧。

人只要尝试过一次搪塞敷衍，那么下次依旧会搪塞敷衍。因为这种方式能成功地化解窘境，使人尝到甜头。掌握了这个"技能"的人，只要说了第一次谎，那他就会为了圆第一次的谎而继续说更多的谎。

所以，那些把问题归结到别人身上，口口声声地说"我没有错"的"丑陋的大人"，慢慢就会丧失承认自己错误的能力。"对不起"这三个字对他们而言会变得越发难以启齿。

"不能好好认错的人"会不断重复同样的失败

一个人正是因为敢于承认自己的错误并主动道歉，所以即使遭遇了失败，机遇也会在不久后降临到他身上。"帅气的大人"会承认自己的失败，分析过程中存在的问题并不断改进，他自然也能吸取教训。

"不能好好认错的人" 会不断地说各种谎言

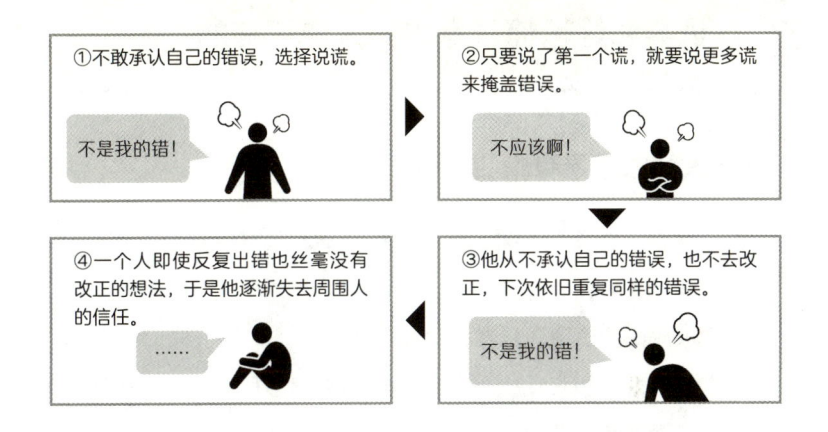

①不敢承认自己的错误，选择说谎。
不是我的错！

②只要说了第一个谎，就要说更多谎来掩盖错误。
不应该啊！

③他从不承认自己的错误，也不去改正，下次依旧重复同样的错误。
不是我的错！

④一个人即使反复出错也丝毫没有改正的想法，于是他逐渐失去周围人的信任。
……

那些不敢承认自己的失败，也不认错，而是选择搪塞敷衍的人，就算有幸遇到了新的机遇，也只会重复同样的失败。

人既不是万能的神，也不是佛，所以不可能完全理解别人。即使某人做事时是出于一片好心，但有时对别人来说却是一种困扰。

但是，问题的关键不在于你到底有没有恶意，事实就是"你给对方造成了困扰"。

成为一个敢于好好认错、道歉的人吧！我们就是在这样的重复中，在周围人的谅解中生活的。

point

只要能承认自己的错误并好好道歉，那么就算失败了，机遇也会在不久之后降临到你身上。

62 养成"多下一点儿功夫"的习惯可以带来好运

机会和好运都是身边的人带给你的

一个人的力量是有限的

在职场上，靠一个人的力量就能做成的事情是有限的，而且工作量越大，越需要别人的帮助。

工作中取得的成绩必然和很多人有关。

一个人只要和积极向上的人来往，拥有很多朋友，那么机遇和好运眷顾你的概率就会提高。也就是说，机遇和好运大多是身边的人带给你的。

试想一下，你眼中"运气特别好的人"，可以是你认识的人，也可以是某个领域的名人，这些人肯定都特别珍惜朋友，也在努力维护和朋友的关系。

感恩相遇

这个世界上不乏因偶然的相遇成就一番事业的例子。**如果你也想要好好利用和他人之间的关系，就从今天开始养成"多下一点儿功夫"的习惯吧。** 比如，假设你遇到了某个人，那就立刻给他发一封邮件，对认识他这件事表示感谢，或许也可以写一张明信片寄给对方。当然，不是要写推销的邮件或明信片，只是单纯地对和对方相遇这件事表示感谢。

两个人能够相遇可以说是一种奇迹。试想一下，截至2023年，地球上的人口已经有约80亿，假设我们每天能新认识3个人，那么一年

养成"多下一点儿功夫"的习惯

给新认识的朋友发一封邮件
今天能认识您,真的非常感谢!

给新认识的朋友写一张明信片
对贵公司取得的成绩,我深表敬意。

"运气"都是身边的人带给你的。所以,我们要珍惜遇到的每一个人,并为维持和他们的关系而不懈努力,只有这样,你的运势才会变好。

也只能认识 1095 个人。就算我们每天都能以这种频率认识人,在我们 20 岁到 70 岁的 50 年里,总共也只能遇到 54 750 个人(约占全球人口的 0.0007%)。

即使只有如此小的概率,我们依旧相遇了。如此想来,你难道不会感恩相遇,不觉得要珍惜和所有人的相遇吗?

就算不写邮件、明信片也没关系,别犯懒,为我们遇到的每一个人"多下一点儿功夫"吧。

point

① 在职场上,要和很多人互相配合才能做出一些成绩。
② 养成"多下一点儿功夫"的习惯,它能够帮助你建立和他人的联系。

63 养成"认真听别人讲话"的习惯
把焦点放在对方关心的事情上

让沟通变得顺畅的诀窍其实很简单

无论是在职场上还是在日常生活中,对话都是交流的基本方式。正因为如此,很多人都会为"不擅长和初次见面的人沟通"而感到苦恼。

对从事销售工作的人来说,对话可以说是工作的根本了。

让对话变得顺畅的诀窍其实很简单,那就是"认真听别人讲话"。

在和别人讲话的时候,如果能以对方关心的事作为话题的话,那么对方就能很好地听你讲话。

对话的基本要点在于将焦点放在对方关心的事上,然后以此为基础,试着给出自己的建议。如果按照这个流程和别人沟通的话,那么大多数情况下就不会有"对方根本不听我说话"的问题。

带着兴趣听对方讲话

事实上,我在年轻的时候,满脑子想的都是自己的事——"怎么才能让对方明白?""应该怎么开口?"等,根本无法顺畅地表达。

当时我整个人都很紧绷,压根儿对"接受对方讲的话""理解对方"没有任何意识,光是维持对话已经费尽了我的全部心力。

但是,当我经历了很多次失败,从中积累了大量经验,将对话的焦点放在对方关心的事上之后,对方会主动询问我一些问题,比如:"对了,吉井先生您是做什么工作的?"

真正的聪明人这样表达

①在会议等公共场合几乎不表达个人意见，主要让别人表达。 ▶ ②即使对方的意见有问题，也先试着接受——"原来还可以有这种观点啊"。 ▶ ③在充分听取对方的意见，让对方保持好心情之后，再陈述经过思考得出的结论。

一个人在过度炫耀自己的知识，夸张地分析、解读事物时，就会让听者很不舒服，给人一种"晒优越感"的感觉。

按照这个流程，我和你的意见就会成为总论。

我想，正是因为我先接纳了对方，对方才自然而然地接纳了我吧。

在达到这个状态之前，我们只能**始终坚持带着兴趣听别人讲话的习惯**。

要想按照自己的节奏推进整个对话，在对话中掌握主动权，首先要做的就是"将焦点放在对方关心的事上"。

point

① 提升沟通能力的诀窍在于认真听别人讲话。
② 养成带着兴趣听别人讲话的习惯。

64 如何克服意志消沉？
打起精神的方法

在意志消沉时，要多和"元气满满的人"交流

经常会有人问我："意志消沉的时候，怎样才能打起精神呢？"

事实上，在我看来，一个人是不是始终元气满满，是很难客观地和别人进行对比的，所以无法给其下定义，但我总会有意识地告诉自己保持开朗、阳光。

说到打起精神的具体方法，我建议大家**在意志消沉的时候，多去见一些充满活力的人，多和他们对话**。

倘若我们能凭借自己的力量解决问题，那自然是再好不过了，但是有时候"说出来或许就能轻松许多"，偶尔借助别人的力量找回活力、解决烦恼也不失为一个好办法。

但是，当你选择依赖别人时，就不要预设结果，比如"要是他对我说一些很奇怪的话该怎么办？""要是他误解了我的意思，给我的建议有问题，我可能就更抑郁了"，更不要为此而苦恼，只要真诚地表达自己，坦率地听取别人的意见就足够了。

如果从那个人身上多多少少获得了一些活力的话，那就尝试着把这份活力继续传递给还处于意志消沉中的其他人吧。

其实，"鼓励那些比自己更消沉的人，让他们也打起精神"，才是让你"满血复活"的最好办法。

如何走出意志消沉的困境

> 见一些充满活力的人,向他们倾诉自己的烦恼。
>
> "我现在遇到了这样一个困难……"

> 鼓励那些比自己更消沉的人,帮助他们打起精神。
>
> "原来在你身上发生了那样的事啊……"

当我们凭借自己的力量无法解决烦恼时,就去寻求别人的帮助吧。简单的一句话其实拥有意想不到的巨大力量。

给自己一些放空的时间

既要维持良好的人际关系,也不能疏于与自己相处。

你有独处的时间吗?

只有珍惜独处的时间,才能更好地维系和他人的关系。

为了坦诚地以"真我"去面对不同个性的人,偶尔也要创造一些"只属于自己"的时间。

要想很好地和别人相处,有时也需要创造一些独处的时间。

point

① 当你意志消沉时,请多去见见充满活力的人。
② 要维持良好的人际关系,创造独处的时间很重要。

65 不懂感恩的人无法收获真正的幸福

感恩源自行动

养成"表达感谢"的习惯

在职场上，我们每天都会遇到各种各样的事：有时是棘手的工作任务，有时是为社交而感到厌烦。

人生就像一出戏，它始终在试探我们的能力和忍耐力。

你对待事物的态度、专注力和感恩直接与你所感受到的幸福程度有关。

所以，**不懂感恩的人是无法收获真正的幸福的**。

你是否经常向公司同事和家人表示感谢呢？或许有很多人即使心怀感激也难以用语言表达出来。

领导者和员工之间，同事和同事之间，有时会相互指责，有时也会相互赞扬。倘若只能通过这种方式建立联系，那么人们慢慢就会形成只有被指责或表扬的时候，对方才会有所行动的模式。**"鼓励式教育"的确很重要，但比它更重要的就是表达感谢**。

用感谢替代所有"理所应当"

人往往容易在不知不觉间把所有事都视为"理所应当"。

请让我们花费晚上睡觉前的5分钟时间，回想一下白天发生了哪些值得感谢的事情，也可以在日记或手机的备忘录里写下感谢的话。

不管是哪种方法，感恩都始于行动。

要想心怀感激，就需要有意识地付出一定的努力。和其他能力一

感恩和幸福程度相互关联

- 美味的饭菜
- 孩子的笑容
- 干净的街道
- 电车准时到达
- 汽车正常启动

对什么心怀感激，取决于你自己。而幸福，恰恰源自你对机遇、契机、与他人的关系、今天一天的经历、挑战等所有东西最纯粹的感恩。

谢谢！

样，当你将它变成日常的习惯时，"感恩的心情"就会慢慢被强化，就算不用努力也能自然地表达感谢之情。

当你能够带着"感恩"的心去看待所有"理所应当的事"时，你看到的事物肯定也会变得不同。

那么，从今天开始，在睡觉前说出 5 件自己应该感恩的事吧。

point

① 请记住，感恩始于行动。
② 要想心怀感激，就需要有意识地付出一定的努力。

66 成为"不错的人"的秘诀在于微笑和握手

养成时刻面带微笑的习惯

人往往特别关注"无意识的习惯"

无论多么精心地进行表情管理、语言管理,只要背后存在另一个"真正的自己",那么那些笑容、语言也不过是有意为之。

而且,比起本人的有意为之,人们往往更加关注那些无意识的习惯。

无论来推销的销售员脸上的笑容有多么灿烂,只要他在被拒绝的瞬间,表情有一丝不悦,对方都会觉得他是个"差劲的人"。

所以,要想让别人觉得你是个"不错的人",就需要养成无论在什么场合都能无意识地露出笑容的习惯。

如果能像每天自觉地刷牙一样,总是自然而然地保持微笑的话,那就说明你已经养成了这个习惯。也许你会觉得,"都没什么好事,怎么可能笑得出来啊",那可就大错特错了。

不是因为遇到好事才微笑,而是总是保持笑容,才会有好事找上门来。

笑容和握手

我曾经采访过一位带领公司实现收益大幅增加的企业家。

"我绝不是什么特别的人,而且也并不具备什么突出的才能。我始终觉得自己是因为善于微笑和握手才能走到今天的,只是在这些事情上全力以赴而已。"那位企业家这样说道,然后豪爽地笑着。

有号召力的人共同的 3 个习惯

亲切的人总是保持着温柔的微笑。这种人往往会收获来自周围人的爱。他的笑容会感染身边的人,也会成为大家的能量。

笑容　　握手　　善意

请一定要克服自己的羞耻感,试着勇敢地向前迈出一步。毕竟是你主动伸出手的,所以你的心情肯定是积极向上的。

保持微笑,并和别人握手,这么做不仅能让对方有一个好心情,你的心情也会变好。

除了在职场,在面对家人和朋友时,也试着用微笑和握手紧紧地抓住对方的心吧。

point

① 养成下意识保持微笑的习惯。
② 这不仅会让对方有一个好心情,你自己的心情也会变好。

67 学会不一意孤行，谦虚地听取别人的意见

思考"如何才能做得更好"

无用的自尊心和怨天尤人只会让你一无所获

要想干好一份工作，关键在于客观地分析现状，并谦虚地听取别人的意见。

带着无用的自尊心一意孤行，工作是不会称心如意的。

还有这样一种令人惋惜的情况——别人出于好意给你提供了一些指导意见，你却把对方看作自己的敌人，责备他人，总是愤愤不平。

就算你这样做了，也不会从中获益，不过是让负面情绪在你心里不断扩散而已。

即使对提醒你的人所给出的建议感到不满，只要你把它看成一次思考"如何才能做得更好"的机会，那么原本让你感到不满的建议就会变成有价值的忠告。

当你在思考"如何才能做得更好"时，被提案的一方就不用说了，包括提案者在内，首先要做的就是谦虚地听取对方的建议，然后客观地分析自己的现状，这一点是尤为重要的。

既然发牢骚、怨天尤人不会让你有丝毫的成长，那么让我们谦虚地听取别人的建议，微笑着行动起来吧。

能够窥见他人本性的瞬间

无论是领导者和部下，社长和员工，家人和朋友，还是老师和学生，在任何一种关系当中，人们都有那么一个能够窥见对方本性的

怨天尤人于己毫无意义

批判 / 不满

那么能说，你自己来干好了！

怨天尤人没有任何意义，只是徒增负面情绪而已。

就算有不满，也洗耳恭听。

怎样才能做得更好呢？

把建议看作改善现状的机会，建议就会变成有意义的忠告。

怨天尤人和愤愤不平不会让你有丝毫的成长。与其如此，不如微笑着行动起来。

瞬间。

窥见他人本性的瞬间，不是其受到称赞的时候，而是其接受建议时的态度和表情，哪怕建议只是非常简单的一句话。

无论两个人平时看起来关系有多么亲密，只要给他一些建议，就能看出他对你的真正态度。

如果对方是发自内心地尊敬你，抑或是对你有很深厚的感情，那么应该能坦率地接受你给他的建议。

不要独自一人胡思乱想，默默苦恼，可以选择试着向别人倾诉。

point

① 坦率地倾听别人的建议。
② 要想做得更好，重要的是客观地分析自己的现状。

68 把焦点放在自己之外的人身上
将关怀落到实际行动上

你的用心关怀别人是能够感受到的

要想建立良好的人际关系，最重要的一点就在于关怀。除了你自己和你的家人，如果你还想让公司的同事、领导、老板，以及客户都感受到幸福，那就将关怀落到实际行动上吧。

所谓实际行动，是指你对身边的人"说些什么话""以什么样的态度对待他们"，以及"以什么样的表情面对他们"。

请看看你眼前的人，试着感受一下，这样你应该就能感受到一直以来你都有什么样的行动。**关怀是一种肉眼无法看到，但能够感受到的情感**。有了相互之间的体谅和关怀，困难就变得不那么难，矛盾和问题也能迎刃而解。

关怀不只是一种情绪，需要将其付诸实践

你会关怀自我吗？不可思议的是，无法充分进行自我关怀的人，往往习惯于从周围人的身上寻求关怀。

先反省自己的语言有没有伤害别人，从接纳自己的错误并主动改正做起吧。

就算意识到了这一点，也会有坏心思作祟，有想说一句坏话的时候。其实，当出现这种状况时当场反思就可以了，就算不能做到即刻反思，也请时常保持对他人的关怀吧，做不到的话就改正。经过不断反复，你的修养自然会有所提升。

什么是"践行对别人的关怀"?

> 践行对别人的关怀主要是指带着以下3种意识行动。看着眼前的人,就能明白一直以来你都有什么样的行动。

说什么样的话?

以什么样的态度对待别人?

以什么样的表情面对别人?

也许你会对帮助别人、恭敬地对待别人、亲和地与人交流感到害羞,这是因为你将焦点放在了自己身上。请试着把焦点转移到自己之外的人身上。

在你踏入社会之时,并没有人会告诉你这个道理。虽然不会有人教你,但是身边人总会在不经意间展示对你的评价:"某某可真是个温柔的人啊!""某某可真体贴!""某某真懂礼貌!"。

关怀别人不要仅仅停留在情绪上,还要落实到一言一行上。

point

① 你的用心关怀别人虽然看不到,但能够感受到。
② 请记住,你要时常有意识地关怀别人,关怀不只是一种情绪,需要将其付诸实践。

方法 ⑦

永远不要遗忘
你生命中重要的人

对你来说生命中非常重要的人到底有几个？

在你的生命中，到底有几个是你发自内心觉得很重要的人？

看到这个问题，你能写下几个人的名字？也许有的人脑海里会浮现很多个名字，但或许也有人会说："我想了很久也想不到有谁对我很重要。"

事实上，==对你来说重要的人，恰恰就是"珍惜你，将你视作生命中宝贵财富的人"==。

而你写下的数字，也是表明你的人生"成功程度"和"幸福程度"的指标。因为人类这种生物，只有在和自己之外的人的相处过程中才能有所成长。

==当你所珍惜的人，以及珍惜你的人变多时，你收获幸福的能力和取得成功的能力才会切实得到提升。==

在之前的一个时代，职场上"不打倒敌人就不算成功"的理念是主流，而共鸣、羁绊、爱等情感，在职场上是无用的，是会被人轻视的。大家不觉得这种理念很奇怪吗？职场原本不就是一个人与人之间互相联系的地方吗？

那么，你有几个珍惜你，将你视作生命中宝贵财富的人呢？

第七章

这样的思维习惯能让你拥有领导能力

在团队里工作需要大家具备一定的团队协作能力。与此同时,在从新人成长为中坚力量的过程中,也需要我们具备整合团队的领导能力。而为了激发整个团队的积极性,领导者必须首先成为团队成员的模范。

69 首先要意识到共同的目的

领导者需要对理念和目标做到"率先垂范"

领导者本人是如何行动的？

我认为，所谓团队是指"有着明确且共同的目的和需要达成的目标，并共享实现目标所需的方法，具备相应的技术，能够无关职务及立场等切实履行连带责任，相互之间形成互补关系的人们所组成的共同体"。

与此同时，要想让团队拥有极高的凝聚力，最重要的就是前面提到的"有着明确且共同的目的和需要达成的目标"。

我总是会向团队的管理者提出这样一个问题："你的团队是否有明确的理念和目标？"

几乎所有管理者的答案都是："当然很明确""我们把目标和理念贴在墙上，保证每天都能看到"。

然后，我会继续询问："那团队成员对理念和目标的理解是否已经非常透彻，也能够很好地将其付诸实践呢？"答案是："很难灌输到位啊""并不是所有成员都能理解到位并将其付诸实践的"。

但是，难道大家不觉得哪里有问题吗？为什么这么说呢？因为**管理者完全没有谈及领导者本人是如何行动的**。

对领导者来说，什么才是最重要的工作？

各位团队的领导者，请大家有意识地关注自己的一言一行。

领导者本人需要相信整个团队的理念，并有借助语言将自己坚信

"目标上墙"没有什么实质性意义

将理念展示在墙上。

全体员工都把理念"塞进大脑"。

领导者主动践行理念。

首先自己先将理念落实到具体的行动上。

如果领导者本人都不能将理念和目标落实到具体的行动上,那么其他员工肯定无法体会到理念和目标的真正含义。所以,作为团队领袖,请围绕团队的理念,借助语言来激发部下的积极性吧。

的理念传递给团队成员和部下的能力。

你是否能在工作中有意识地使用一些围绕团队理念的语言,激发团队成员和部下的积极性呢?

对经营者和团队领袖来说,最重要的工作就是将理念和目标灌输给团队里的每一个成员。然而把理念和目标写在纸上并贴在墙上的做法并没有什么实质性的意义。

如果领导者本人都没有理解理念和目标,也没有将其落实到具体的行动上,那么又怎么要求团队成员和部下透彻理解呢?

领导者应该做的具体的行动就是"率先垂范"。

point

重要的是领导者本人要相信团队的理念和目标,并将其落实到具体的行动中。

70 人才培养的基本在于榜样、信任和支持

人才培养的三大支柱

成为榜样，信任部下

在我看来，管理和人才培养的基本在于榜样、信任和支持。

首先，最重要的是榜样。

如果想培养有干劲的人才，那么领导者自己必须是一个有担当、干劲满满的人。如果领导者自己对工作都是一副毫不关心的态度，那么培养对工作充满热情的人才不啻空谈。

其次，信任也很重要。

经常听到有人说："现在的年轻人，对工作一点儿积极性都没有，真是让人头疼。"但是，一般这样说的人，往往都是不相信别人的人。说得更直白一些，有这种想法的人是无法培养出人才的。

人这种生物，当觉得对方不信任自己的时候，自然也听不进对方说的话。所以，培养人才考验的是你有没有信任别人的勇气。换句话说，**只有相信"人是可以被改变的""一定能让对方明白"的人，才能改变他人，影响他人。**

靠近、鼓励

最后，支持也很重要。

一个人倘若总是被人指责失败和不成熟，那么他是不会成长的。

同时，倘若因为失败就收回给对方的机会，那么这么做不仅剥夺了他人克服困难、打破壁垒的机会，同样也掠夺了你指导、教育新人

人才培养的三大支柱

榜样
领导者本人要变成一个对工作充满热情的人，保持干劲满满的状态，成为部下的榜样。

信任
领导者可以批评部下目前的技术和能力，但是要信任他这个人。

支持
作为领导者，要主动关心、靠近部下，积极地鼓励他，并给他克服困难、打破壁垒的机会。

和部下的勇气。因此，就算你感觉"可能他现在还不具备相应的能力"，也请主动关心、靠近部下，积极地鼓励他。

领导者在为部下提供支持时，比起物质层面的支持，精神层面的支持更为重要。

所以，请带着一颗支持、关怀的心去对待新人和你的部下，让他们鼓起勇气接受挑战，脚踏实地地前进。

point

① 人才培养的基本在于榜样、信任和支持。
② 领导者要成为榜样，支持和鼓励部下。

71 不要总想着改变别人，自己要有所改变
自我的成长

修炼自我，激发出部下的闪光点

当你站在指导别人的立场时，总想着"一定要让他不断上升""希望他能有长进"，或许就会斥责对方，抑或是语气强硬地与对方说话。

但是，这种做法可能不仅不会取得你所期望的效果，大多数情况下还会让情况变得更糟糕。

对方只是想扮演别人赋予他的角色，发挥好自己的作用而已。但是，一旦遭到了你的苛责，对方就会察觉到让你失望了，然后被消极情绪左右，接下来的一言一行只会进一步加深你对他的负面评价。

为了避免出现这种情况，比起试图改变对方，我们更应该做的是让自己成长。

对于部下，我们只能"给予"。==能够修炼自我的优秀的上司，是可以支持部下，激发出他们身上的闪光点的，更是会帮助部下实现自我接纳的==。

好的领导者才能打动别人

即使意图指导他人，也必须与对方建立信任关系，否则不会取得期待的效果。

不管你是社长还是管理者，抑或是前辈，这些只不过是你的立场而已，和信任关系毫无关联。

如果你和部下之间没有建立信任关系，那么他就算被你夸赞也不

> **能打动别人的，从来都不是"立场"，而是"信任关系"**
>
> 用立场下达指示
> - 这么简单的事都办不好吗？
> - 那要不科长您亲自去办？
>
> 用信任关系下达指示
> - 这件事，能不能由你来负责啊？
> - 可以的，但这是我第一次经手这个工作，所以还请您多多指导。
>
> 部下在做事时并不是看领导者说了些什么，而是看领导者做了些什么。正因为如此，身为领导者才需要不断地修炼自我。

是什么值得高兴的事，因为即使你"表扬"了他，但如果表扬的结果和批评、发火并没有什么两样，表扬就没有任何意义。

要想让对方信任你，你首先要做到信任对方。

即使双方建立了信任关系，短期内也不会有任何改变。不要心急，坚信一年后、三年后、五年后，甚至十年后我们或许就能互相理解，要为获得对方的信任而不断努力。

打动别人的并不是你的处事方式，而是你是否能成为一名好的领导者。

point

① 要想"指点"别人，就需要与对方建立信任关系。
② 当你不信任别人时，别人自然也不会信任你。

72 单凭技巧是无法培养人才的
只有"人"能培养人才

一个人要有感恩之心

过去,我曾被聘为一家公司的社长,任期三年。在那之后,我便创办了现在这家公司,至今已经十九年了。在这二十多年里,始终让我苦恼的正是"如何才能培养出优秀的人才"。

当时的我并没有和员工一同成长,而总是带着一种错误的理念——"必须要培养人才",而且我还学习了各种有关领导能力的知识,试图解决自己的烦恼。

现在想想,当时我体会到了深深的无力感和孤独感,也因为自己的独断和偏见出现决策失误,差点儿让公司关门。

在那个过程中,我学习到了心理健康管理中的"依赖型"和"独立型"概念,在实践中,我也确信自己的确存在一些不足。

我存在的不足,正是**"一个人要有感恩之心"**。

从那时起,我就决心养成"找寻值得我感恩的事"的习惯。渐渐地,我也养成了对任何事都心怀感恩的习惯,比如"早上,员工们都按时到岗了,令人感激""对方接了我的电话,令人感激""愿意与我共事,也是一件值得感恩的事"。

当技巧被识破后,它的效果也就不复存在了

当然,在平时工作的过程中,我还是会因为业务的问题批评或提点员工,但每天也多次对他们的配合心怀感恩。而且,直到今天我才

人才培养仅仅依靠技巧是行不通的

技巧是无法感染别人的。

就算用管理学理论长篇大论地指导我，也……

人会被生活方式影响。

这可是科长您一直以来直接负责的项目，就这么交给我吗？

当你意图借助技巧进行管理和人才培养时，就会在无形中增加它的难度。提升团队能力的关键不在于操控别人，而应该思考如何激发出对方的潜力。

明白了一个道理，那就是：**人才培养仅仅依靠技巧是行不通的**。

当被对方识破"那不过是技巧而已"时，不仅会让人才培养的效果全无，甚至还会导致信任危机。

在员工眼里，你的"本性"早就已经暴露无遗了——"我们领导啊，不知道在哪儿学的什么管理学，老是用一些技巧教我做事，真想让他适可而止"。

最容易使人受到影响的并不是什么技巧，而是身边人的生活方式。只有"人"能培养人才。

point

① 生而为人，心怀感恩是很重要的。
② 能够影响人的不是技巧，而是身边人的生活方式。

73 关键在于如何激发身边人的潜力
养成时时对话的习惯

激发员工积极性是领导者的职责

领导者的使命在于让缺乏信心的部下重新燃起对工作的热情。**让员工意识到自己的问题，激发员工的积极性，这正是领导者的职责。**

无论学习了多么高深的理论，掌握了多么超群的技能，但如果用错了方法，就无法打动你的部下。

那么，能够激发部下积极性的究竟是什么呢？

答案是：对话。

你有没有和部下进行过面对面的对话呢？关键不在于对方有没有对话的意愿，而在于你有没有试图这样做过。

不是指示、命令、指导，而是对话的习惯，有了这个习惯，部下的反应、反馈也会发生变化。

有意识地传递工作的乐趣

传递"工作的乐趣"，也是领导者重要的使命之一。无论部下或团队的"业绩"是好是坏，都应该让他们感受到"工作是一件令人开心的事"。

领导者并不是有意要给部下安排一些棘手的工作或者设置一些难以达到的绩效任务，他们也想让大家在工作中体会到成就感，也希望大家能收获幸福。

但是，倘若"得想办法让他们做出点儿成绩""要让他们体会到工

通过对话传递工作的乐趣

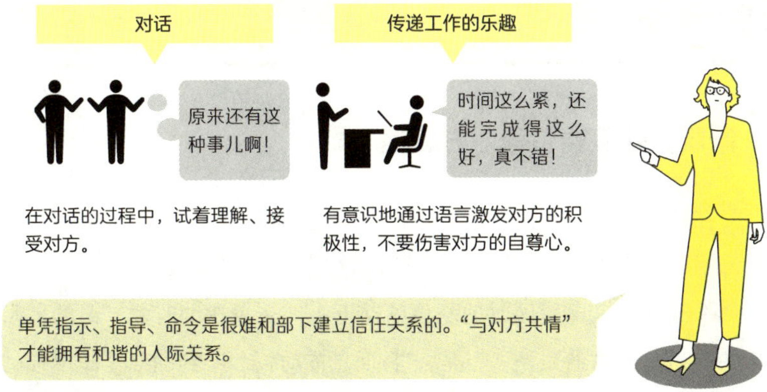

对话

原来还有这种事儿啊！

在对话的过程中，试着理解、接受对方。

传递工作的乐趣

时间这么紧，还能完成得这么好，真不错！

有意识地通过语言激发对方的积极性，不要伤害对方的自尊心。

单凭指示、指导、命令是很难和部下建立信任关系的。"与对方共情"才能拥有和谐的人际关系。

作的意义""得让全员的绩效任务都达标啊"之类强烈的欲望占据了上风，就往往很难将工作的乐趣传递给团队成员。

所以，**在和部下沟通交流的过程中，请一定试着有意识地将工作的乐趣传递给他们**。然后在你也"享受工作"的同时，将热情和热爱积极地传递给部下吧。不要让所有事情都始终保持"绝对正确"，一个人只有做"快乐的事"，他才能一直坚持下去。

point

① 要想激发部下的积极性，关键在于对话。
② 传递工作的乐趣，也是领导者的使命之一。

74 沟通的诀窍在于"倾听"
听别人讲话时,要考虑对方的心情

倾听,就是要引导对方表达

在培养人才的过程中,倾听也是非常关键的。

所有人都明白倾听对于建立良好的人际关系的重要性。

举例来说,即使面对的是你的部下,你在表达的时候,讲的也是你的知识范围内的东西。但是,"倾听"的时候,听到的都是超出你的知识范畴的内容。

==所谓"倾听",就是体会对方身处的环境和心境,并在发挥自我想象力的同时,引导对方不断表达==。

我在为企业进行咨询服务的时候,曾多次旁听过经营层和管理者与员工的单独面谈。一般来说,管理者都会"说自己想说的"和"听自己想听的",但是要说是不是真的有在认真"听"对方表达,很多时候都会让我产生"是不是没有问到对方真正想要表达的东西?"之类的疑问。

对管理者来说,员工回答自己提出的问题,或许会让他们觉得自己问出了很多信息,但事实上,他们不过是按顺序问出了"事先准备好的问题",并没有在真正意义上倾听"员工的表达或诉求"。

专注于对方的表达

==在听对方讲话的时候,要试着想象对方在回答你的提问时是什么心情==,然后针对对方的回答,继续延伸话题。

专注地倾听对方的表达，就能与对方共情

说自己想说的，
听自己想听的。

为什么这个月的销售额比上个月少了这么多？

想象对方回答问题时的心情，
并顺着对方的回答延伸话题。

感觉他的状态不是很好，
是不是遇上什么事儿了？

忽略对方的回答，只是简单地依次问出自己事先准备好的问题，不能算作真正意义上的"对话"。

　　事实上，单独面谈是倾听别人非常有效的方法。但是，倘若只是流于表面的形式，反倒会让对方产生一些不舒服的情绪，那么这场面谈就没有任何意义。或许也会有人说，"就算我问了，可他就是不回答啊"。针对这种情况，我可以给大家提供一个小小的建议。

　　不要把注意力放在后续的提问和时间上，比如"接下来要问些什么？"或者"还有好几分钟呢！"。首先专注于对方的表达，然后对对方的回答诚实地表达自己的困惑，并且要对对方关心的事物表现出一定的兴趣。

point

① 对方真正想表达的东西只存在于他的内心深处。
② 在倾听时要试着理解对方的心情。

75 谈话是支援活动而非指导活动
通过单独谈话激发对方的积极性

谈话的目的在于"让对方保持热情"

单独谈话，比起地点和形式，更重要的是明白它的目的在于让对方"保持热情""充满干劲"。除此之外，在面谈的时候，要站在对方的角度去试着感受、理解他的用词、动作和表情，而不是以你的个人意愿去解读这些细节。

和员工单独谈话并不是为了控制对方，而是为了使对方重新燃起对工作的热情，关键要听对方说了些什么。

所以，无论对方是什么样的状态，你都要思考，此刻我究竟能为他做些什么。

单独谈话属于支援活动而非指导活动，你自己首先要明确这一点，这是至关重要的。

沉默也有它背后的深意

我想有人也遇到过"一开始谈话，他就一言不发"的问题。

当然也有人害怕气氛尴尬，选择说一些毫无意义的话，或是抛出其他话题，甚至试图与对方达成共识。但是当你先入为主地以为"气氛好像不是很融洽"，打算草草收尾的时候，这场谈话就会变为隔靴搔痒，根本没有解决实质性的问题。

遇到这种情况时，可以试着先大口深呼吸，观察一下对方的状态。倘若对方在尝试寻找合适的语言，那么就请耐心地等一等。如果

谈话不是指导活动，而是支援活动

指导活动
为什么不按我说的做？

支援活动
我们一起思考怎么样才能做好这个项目吧！

务必记得，谈话不是指导活动，而是支援活动，请思考"我能为对方做些什么？"。

对方还是一言不发的话，那就收回刚才的问题——"是不是不好回答？没事的，也不用勉强，感谢你这么认真地思考"，或者也可以先将问题保留——"要是还没组织好语言也没关系，也不一定非要在今天给出答案"。

我的前辈曾告诉过我："**沉默良久后说出来的话，大多都是很重要的信息，而且沉默的原因或许就隐藏在那些关键信息中。**"这的确是一个耐人寻味的道理。

point

① 单独谈话的目的在于激发对方的积极性。
② 就算对方沉默不语，也不要慌张，耐心地等待他开口就可以了。

76 "讨人嫌的上司"的共同特征
领导者的一言一行要符合当今时代的潮流

要有意识地关照、尊敬对方

我偶尔会听到有人说:"现在的年轻人太差劲了。"每每听到这种说法,我的第一反应就是:"不是年轻人差劲,而是你应该反思一下自己。"

如果你是管理者的话,就需要有意识地追随时代的潮流。

比如,工作时间之外的聚餐、BBQ 派对确实很有意思,但是倘若不顾及部下的日程安排,领导者自顾自地提前 5 天通知,"××日下班之后大家一起聚餐啊,所有人都要参加哦!",势必会让新人和年轻员工反感。

作为领导者应该事先确认部下的日程安排,然后敲定具体的时间,至少要提前 1 个月通知到员工,否则必然会让大家产生抵触情绪——"这算强制要求吗?""真不想参加啊!"。

如果像这样擅自决定组织团建活动,导致员工积极性不高的话,那么这就并不是因为"现在的年轻人太差劲了",而是你缺少关照、尊敬对方的意识。

先接纳、肯定对方

在和刚入职的新人或者部下谈话的时候需要牢记,不能随意打断别人,说一些"你说的我都明白,但是我问的是……"之类的话。倘若你这么说的话,就会让对方觉得"领导根本没有听我讲话""领导对

领导者的错误行为

单方面决定＋强制要求。
今天晚上的聚餐，你能来吧？

打断别人的话。
你说的我都明白，但是我问的不是这个。

把自己的坏心情发泄到别人身上或把日程安排强加于他人，甚至让别人觉得你对他们说的话不感兴趣，信任关系就会被打破。

我说的话不感兴趣"。

对话始于接纳。双方开始对话时首先要对对方表示肯定，"原来是这样啊"，紧接着说"不过，我对××特别感兴趣，能不能再给我详细讲讲"。通过这种方式将有些偏离主题的对话拉回正轨。对话的**关键在于，避免给对方留下"我的话被打断了"或者"根本没在听我讲了些什么"的印象**。

谈话的时候请务必留心"先接纳、肯定对方"。

point

① 越是地位高的人，越需要关照自己的下属或后辈。
② 双方进行对话时，对对方的接纳和肯定是非常重要的。

77 "感动力"能够打动别人
感动是会传染的

能受到感动的人，是有执行力的人

根据我的观察，出色的领导者大多具备强大的"感动力"。

他们拥有丰富的感受力，会为那些被别人忽略的事情而感动，同时也会将自己的感动坦诚地表现出来。如果在这样的领导手下工作，那么他的团队成员也会受到很多感动。

感动是会传染的。

感动是一种震撼心灵的体验。

来自心灵的震撼会让人情绪高涨。换句话说，能受到感动的人，就会变成有执行力的人，而有执行力的人能够慢慢积累经验，变成可以获得一定成就的人才。

==优秀的领导者大多倚重那些容易感动、坦率的人==。

缺少一颗会感动的心，就容易错失机会

打动别人，没有比使人感动更有说服力的了，而且幸运的是，感动是可以无偿获得的。

梦想、可以共话梦想的朋友、耐心等这个世上最重要的东西都是可以无偿获得的。

这个世界上，有很多华丽、漂亮的东西，同时也有很多用尽全力生活的人，还有默默无闻不断努力的人。

在遇到这些事和人时，==如果没有一颗"会感动的心"，那么无论当==

感动造就能获得一定成就的人才

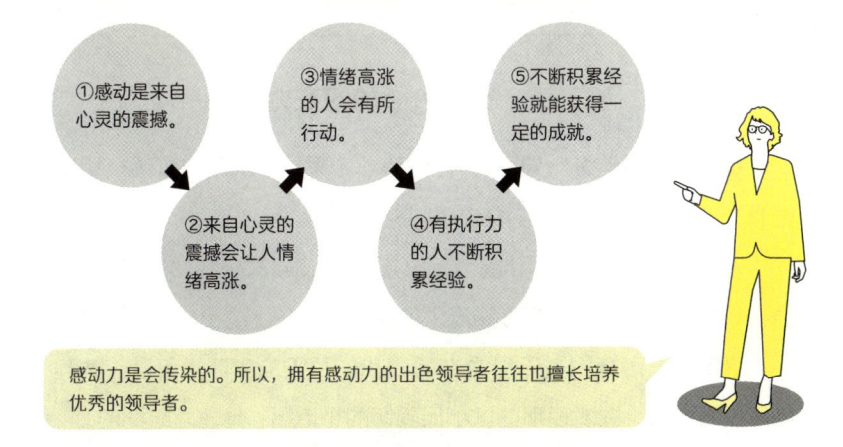

① 感动是来自心灵的震撼。

② 来自心灵的震撼会让人情绪高涨。

③ 情绪高涨的人会有所行动。

④ 有执行力的人不断积累经验。

⑤ 不断积累经验就能获得一定的成就。

感动力是会传染的。所以,拥有感动力的出色领导者往往也擅长培养优秀的领导者。

时的相遇多么美好,你都有可能无法察觉,最终遗憾错过。

换句话说,没有"感动力"的人,往往容易错失宝贵的机遇。

重要的不是看到路边盛放的花,感叹一句"真好看",而是看着花,要有一颗能感受到"好看"的心。

对细微之事坦诚地保持感动的心,那么这种感情也能传递给身边的人,让他们也对生活、工作保持热情。

point

① 能受到感动的人也能变成有执行力的人。

② 要想打动别人,需要坦诚地保持感动的心。

方法 ⑧

心想事则成？

潜意识，左右人心的潜在力量

我曾听说过这么一句话："你的心念（思想）就是你所遇一切的根源。"换句话说，就是"心想事则成"。

对那些认为"怎么可能心想事成"的人来说，他们的现状就是他们心中"事不会成"的念头产生的结果。

事实上，潜意识在无形中影响着我们每天的生活。所以，微笑着度过每一天，去发现那些微小而确切的小幸福，是非常重要的。

所以，请试着感受此刻的幸福吧。

人的大脑都是单频道输入、输出的，在同一时间只能想一件事情。

因此，只要你始终在努力忘记不愉快的事，你的大脑就会一直专注于那些不愉快的事。

所以，==比起努力忘记过去的不愉快，倒不如专注于那些让你兴奋、让你感受到幸福的瞬间。==如此一来，那些不愉快的事就会在不知不觉间被抛到九霄云外，你自然也能收获更多幸福。

心情＝大脑。

人生是一段快乐的旅程，只有发自内心地享受这段旅程，才会自动吸引更多美好的事物，它们也才会进入你的生活。

第八章

如何成为企业青睐的人才

要想成为企业青睐的人才,就需要养成"独立型"而非"依赖型"的思维习惯和行为习惯。而为了养成这种习惯,关键在于善始善终地完成工作。这个世界上不存在"生下来就什么都会的人",能手不过是"不断实践的人"。

78 社会上有四种"人才"

为公司提供远高于工资的价值

各种各样的"人才"

社会上有各种各样的"人才"[1]。

第一种是"人才"。这种人具备只要经过打磨就能发光发热的可能性,他目前的工资和所提供的价值是"对等"的。

第二种是"人在",就是登记在册的人。换句话说,就是"存在于那里"的人。

第三种是"人罪"。这种人拿到的工资远高于他所能提供的价值,是整天摸鱼,只拿工资不干活的人。如果一个人只会给同事带来负面影响,那么无论他是不是在摸鱼,他都是"人罪"。

最后一种是"人财"。这种人是了解整个团队的理念,深刻领悟工作方针,能出色地完成工作任务的人。"人财"是同事们的榜样,后辈会努力跟他学习,从而有效提升个人能力。能够给同事带来积极影响的人也属于这一范畴。

能为公司提供远大于工资的价值的人自然是不会被埋没的。所以,请你也一定向着成为那种周围人所钦佩的、具有号召力的"人财"的方向而努力吧。

---

[1] 日语中"人才"的读音为"じんざい",与"人在""人罪""人财"的日语同音。

社会上有4种"人才"

人才：创造的价值与拿到的工资"对等"的人。

人在："只是坐在那里"的人。

人罪：成天摸鱼，只拿工资不干活的人，以及给同事造成负面影响的人。

人财：能出色地完成工作任务，能给同事带来积极影响的人。

什么是培养的人才？

迄今为止，我借助习惯养成训练帮助各种企业培养了大量独立型人才，但是总会遇到经营者向我咨询："培养人才真的是一件令人头疼的事，到底应该怎么做呢？"

"你的公司是如何定义培养的人才的呢？"我会这样反问道。或许很少有公司能够明确"培养的人才"到底是什么样的人，"充满干劲的人"又是什么样的人吧。

我对"培养的人才"的定义是：无论身处何种境遇都能开辟一条属于自己的道路，能够为达到目的而思考并付诸实际行动的人。换句话说，要养成"只要改变思维方式和看待问题的角度就能改变结果"的习惯。

point

公司员工应该是能够很好地完成工作任务，并带给同事积极影响的"人财"。

79 企业需要"独立型人才"
有执行力的人就是"工作能力强的人"

改变思维方式，结果也会随之变化

在前面的部分，我简单提到过"独立型人才"，但与之相对的，还有一种"依赖型人才"。

在"依赖型人才"的眼中，"某人身处的环境和先天条件决定他的一生"。

而"独立型人才"的看法却恰恰相反，他们认为"人并不会被身处的环境和先天条件影响"。

那么，"依赖型人才"会受到什么因素的影响呢？

答案是"个人的主观臆断"或者"个人的习惯"。

因此，要想成为"独立型人才"，==养成"改变看待事物的观点，结果也会随之变化"的思维习惯和行为习惯就显得尤为重要==。

重要的是每一天都做到善始善终

那么，到底要养成什么样的思维习惯才能成为"独立型人才"呢？或许有人会把这个问题想得很复杂。其实要想解决这个问题很简单，只需要掌握三种关键的思维方式。

第一，此刻，能让我充满热情的只有我自己，没必要去考虑"谁说了什么"或是"那个人是怎么样的"。每一件事本身都是没有任何意义的，是你自己为每一件事赋予了意义。是否对工作、生活充满热情，取决于你想成为什么样的人。

成为"独立型人才"所必备的三种关键的思维方式

①此刻,能让我充满热情的只有我自己。
> 我要成为理想中的自己!

独立是无论身处何种环境,拥有什么样的客观条件,都能最大限度地发挥自己的能力和可能性,开辟出一条属于自己的路的姿态。

②我身处的环境和拥有的客观条件与我能做到什么程度无关。
> 做与不做取决于我自己,和周围的环境无关。

③尽力去做现在自己能做的、该做的事。
> 既然要干,就干到底。干到成功为止!

第二,我身处的环境和拥有的客观条件与我能做到什么程度无关。你之所以处于现在的状态,并不是客观上不具备相应的环境和条件,而是因为你自己无动于衷,才导致周围的环境和条件与你的需求不相符。原本也不存在所谓的条件具备、环境具备。

第三,尽力去做现在自己能做的、该做的事。现在对你来说重要的是,每天都要做到善始善终。正因为你每天都能付出百分之百的努力,能力才会有所提升。**这个世界上并不存在"生下来就什么都会的人",那些"不断实践的人"变成了什么都会的人**。

point

要想成为"独立型人才",只需要掌握三种关键的思维方式。正因为你每天都付出了百分之百的努力,所以你的能力才提升了。

80 成为"独立型人才"的五个关键词①

自我依赖

对自己和未来抱有期待

要想成为"独立型人才",就需要重视自我依赖、自我管理、自身原因、自我评价、他人支援这五个关键词。这五个关键词并不是各自独立、互不相干的,而是相互关联的。

让我们来了解一下什么是"自我依赖"。

在这里,我想先问大家一个问题:"你会对什么样的事抱有期待,又是否对自己抱有期待?"

倘若对他人或环境抱有过高的期待,就会因事情进展得不顺利而不满,这种负面情绪又会影响自己。可是,他人也好,环境也罢,原本就不是我们能左右的。

那么,有什么是能被我们左右的呢?

没错,就是我们自己。**要说应该对什么抱有期待的话,那就是自己和未来**。

扪心自问:你究竟想要什么?

请试着常常**思考"我究竟想要什么?"**。

换句话说,我们要思考的不是"公司应该如何",而是"你想把公司变成什么样";不是"领导应该如何",而是"你想和领导建立什么样的人际关系";不是"部下应该如何",而是"你想和部下形成一种什么样的关系";不是"职场应该如何",而是"你想让职场变成什

对自己和未来抱有期待，而不是他人或环境

"他人"或"环境"不会如你所愿
- 为什么不按我说的做呢？
- 这样的职场可真糟糕……

自己和自己的未来会如你所愿
- 只要每天坚持，总有一天会收获成绩。
- 一步一步地积累，就能创造未来的自己！

么样"。

做任何事都能从"自己想怎么样"的角度思考，就是我所认为的自我依赖。

人生只有一次，**要想活得充实，活得精彩，就要养成时常思考"我到底想怎么样？"的思维习惯**。以"自己要什么"为标准思考，这决定你接下来该如何行动，你的一言一行又会让未来变得不一样。

这绝不是一件复杂的事，你只要时刻自问"我到底想怎么样？"就足够了。只要不断地自问，大脑就能自动思考解决问题的办法。

point

① 你应该期待的是自己和未来。
② 时时思考"我到底想怎么样？"。

81 成为"独立型人才"的五个关键词②

自我管理

摆脱碌碌无为的懒散生活

接下来,我们讨论一下"自我管理"这个话题。自我管理是最大限度地发挥个人潜力的核心。人一旦漫无目的地生活,就容易依赖他人和周围的环境。所以,**为了不随波逐流,不被无意识左右,你就需要设立自己的标准**。

所谓自己的标准就是不放任自己,具体来说,就是要**对自己的表情、行为、措辞加以管理**。

这时,我们就需要事先确定我会做出什么样的表情,说什么样的话,以及做什么样的事。

不被无意识左右的关键在于避免无意识地对待事物,漫无目的地生活。一旦我们陷入了无意识,那么今天的自己就和昨天的自己没什么两样。我们要做的是成为理想中的自己。

不要碌碌无为地虚度时光,要下决心让自己成为理想中的自己、出色的自己,以及帅气潇洒的自己,并为此充满激情地努力生活。

你想成为怎样的自己取决于你,所以可以不用顾虑那么多,大胆地去做梦吧。不要不假思索地随意表达,要注意时常做好表情管理和行为管理。

"独立型人才"所应具备的态度是三思而后行。

做好自我管理，避免随波逐流

脑袋空空……
就算做了好像也没什么意义，要不干脆就别做了。

人如果过着浑浑噩噩、"无意识式"的生活，就容易安于现状，慢慢地，"舒适""躺平"就会演变成自己的人生目标。

做好自我管理……
每天学习30分钟，为未来的自己而努力吧！

设立自我标准，并始终坚守，就能在锲而不舍的实践中不断靠近"理想中的自己"。

人一旦漫无目的地生活，就容易依赖他人和周围的环境。为了避免出现这种情况，给自己设立标准是极为重要的。

给自己设立标准，并始终坚守

给自己设立标准就是下定决心"我要变成……的人"。一个拒绝无所事事的人应该是一个拥有"目标"和"梦想"的人。因为人要是没有了目标和梦想，就会安于现状，始终停留在自己的舒适圈。最终，舒适就会变成我们的人生目标。

在我创办公司，四处碰壁的时候，我所做的就是设立自己的标准，并付诸实践。比如，去接触一些拥有正能量的经营者和朝着梦想不懈努力的人，把自己的策略写在名片背面然后递给新认识的朋友。进行自我管理需要**先给自己设立标准，并始终坚守，能为改变自己的习惯而不断努力才是真正意义上的自我管理**。

point

① 为了不随波逐流，就要设立自己的标准。
② 锲而不舍地为改变习惯而努力。

82 成为"独立型人才"的五个关键词③

自身原因

从自身找原因

成为"独立型人才"的第三个关键词是"自身原因"。

自身原因是指无论遇到什么样的情况,都能首先想到"真正的原因在自己身上"。

你如果犯了错就把错误归结于环境或他人,那么任何问题都不会得到解决。一旦决定了"去做",那么在结果出现之前,你可以做很多力所能及的事。

像这样从自身找原因就是我所认为的自身原因。换句话说,从自身找原因就是要养成一种居安思危的思维习惯,比如面对那些只要想去做就能做成的事,在做完之前始终思考"有没有什么是我还没做到的?"。

自己说的话对方不理解,不能怪对方理解能力差,而应该思考"是我准备得不够充分,没能让对方理解吗?";不应该觉得"客人不愿购买产品",而应该认为"我不够努力,没有创造出让客户喜爱的产品"。总之就是**不将问题归结于他人和客观环境,主动从自身找原因**。

找出自身的原因,就能发现崭露头角的机会

无论面对什么样的情况,都请找到"只要自己想做,就能做到的事"吧。要想抓住崭露头角的机会,请先从自身找原因。

无论出现任何问题都要先从自身找原因

> 我费了那么多功夫好不容易做出来的资料竟然没通过，部长真是没眼光！

> 部长不认可，或许是因为我对调查结果的验证不充分，那就从头来过，重新调查一次吧！

即使身处逆境，也要学会思考"问题是不是出在我自己身上？"。

当你真的想找理由时，可以找出一万种理由。事实上，理由就是每个人依照自己的意愿所编织出来的东西。举例来说，约好了和客户见面，结果你迟到了，那么即使你解释道"是山手线延误了"，但是你让客户等候的事实也并没有改变。既然如此，你是否应该考虑电车可能延误而提早出发呢？**倘若能从自身找原因，那么就能思考下一次如何避免因一些突发情况耽误工作。**

在漫长的人生道路上，有很多个瞬间都在考验我们的"人间力"。而要想锻炼提升"人间力"，关键在于养成遇事不怪罪他人，先从自身找原因的习惯。通过寻找自身的原因，抓住崭露头角的机会。

point

① 找出"只要想做就能做到的事"。
② 通过寻找自身的原因，抓住崭露头角的机会。

83 成为"独立型人才"的五个关键词④

自我评价

认识到自己的不成熟，始终做一个挑战者

成为"独立型人才"的第四个关键词是"自我评价"。自我评价是指"以一流水平为目标，坚持到底"的态度。

举例来说，职业棒球选手铃木一郎虽然已经实现了很多目标，但他依旧会在采访中说"还有很多问题需要解决"，直到退役都在不断地接受挑战。

也许有人觉得，铃木一郎可是职业棒球选手，是一代巨星，这么厉害的人又如何能成为我们这些普通人参照的对象呢？但思路其实很简单，那就是**"不被别人对自己的评价左右，任何时候都能认识到自己的不成熟，始终保持一个挑战者的姿态"**。世人眼中厉害的人身上真正厉害的地方就在于他们从未觉得自己厉害，甚至有的人还会认为自己不成熟。

正是这个自我评价延伸出了"朝着一流水平，坚持到底"的姿态。

"成长得很快的人"的共同特征

我曾有幸与很多职场精英和在职的经营者有过交流，每每向那些创造了"让濒临破产的公司重整旗鼓""成功进行组织改革"等行业神话的管理者询问，"能给我讲讲社长您'化腐朽为神奇'的故事吗？"时，他们的回答大多是，"我也没做什么'化腐朽为神奇'的事"，或是"我也没做什么了不起的大事，离成功还远着呢"。

这样的人才能不断成长

时常认识到"自己还不够成熟"的人……

还有很多东西是我要继续学习的，我该做的事情也还有很多。

总觉得"自己很厉害"的人……

既然大家也说我很厉害，那保持现状就可以了。

认为"自己很厉害的人"不会成为真正厉害的人。只有那些总是认为"自己还不够成熟"而朝着一流水平努力的人才能成为真正厉害的人。

能认识到"自己还不够成熟"的人才会快速成长。因为在他们眼中，"我还有很多不足，还需要不断地学习、挑战"。一个人给自己设定的需要学习的课题越多，他的成长空间自然就越大。

相反，那些觉得"自己很厉害"的人，武断地认为"我没什么不足"，所以不再学习，不愿付出更多努力，如此一来，他们自然也不会有所成长。

那么，你又是如何评价自己的呢？

point

① 能不断成长的人都是可以认识到"自己还不够成熟"的人。
②"成长得很快的人"能始终保持挑战者的姿态。

84 成为"独立型人才"的五个关键词⑤

他人支援

你给别人的一切，最终都会回到你身上

成为"独立型人才"的最后一个关键词是"他人支援"。

直到今天，我仍在不断地从很多老师那里获取新的知识。我得出的结论是："人际关系的法则是唯一的"。这个法则就是：**你给别人的一切，最终都会回到你身上**。简单来说就是"因果相报"。

别人之所以不理解你，是因为你不理解别人。如果在你遇到困难时，身边的人没有向你伸出援手，那么可能是因为你过去没有帮助过身边的人。

感觉自己非常孤独的人，或许在过去的日子里从未对别人伸出援手。

试着为别人做些什么

对于那些认为自己非常孤独的人，我总是会建议他们"每一天都要多为别人考虑，试着为别人做些力所能及的事"。每天花费5分钟（10分钟也可以）帮助别人，只要能坚持这个习惯，就会拥有很多朋友和同伴。如果一个人总能设身处地为他人着想，那么自然会有很多为他着想的人来到他身边。因为你给别人的一切，都会回到你自己身上。

很多时候，单靠一个人的力量是很难做成一件事的，因为一个人很难独自体会到成就感和工作的价值感。

试着为别人做些自己力所能及的事

每天早晨给同事擦桌子。

为了家人，每天打扫卫生间。

保护环境，每天捡拾垃圾。

每天早晨和同事打招呼。

每天给家人刷鞋。

能设身处地为别人考虑并付诸实际行动的人，他的身边会聚集很多"具有自己所没有的某些特质"的人。而对这些人来说，有吸引力和号召力的人，最终都会成为全能型人才。在这个时代，比知道怎么做更重要的是知道谁在做。

和身边的人一起做成一件事是最简单不过的了，因为在这个和别人共事的过程中，大家可以共享对经营人生来说不可或缺的核心资源——勇气。人只要有勇气就能得到一切。遇到问题迟迟无法解决的人只是缺乏挑战的勇气。一个人只要有了勇气，其所面对的问题就不再是问题，而是一种乐趣。

只要人与人之间建立了紧密的联系，那么无论遇到任何问题，我们都能顺利克服，共享勇气让我们具备了克服困难的能力。

point

① 你给别人的一切最终都会回到你身上。
② 很多时候，单靠一个人的力量是很难做成一件事的。

85 不要墨守成规，总是执着于过去的成功经验

自我激励

我们始终被自己的思维习惯左右

我所认为的"独立型人才"就是能够通过自己的行动，改变一切的人。

既没有目标，也不知道自己究竟想要什么的人，会下意识地依赖自己所处的环境、条件等自己已经拥有的东西，因为这是最安逸、最轻松的一种方式。而一个人之所以会养成"依赖型"的习惯，还有另外一个理由，那就是墨守成规，执着于过去的成功经验。

面对工作和课题，认为无处下手的人大概只想到了过去的经验。

相反，那些认为"总会有办法的""一定要做给你们看"的人，则会寻找新的方法，并且一定会找到新的方法，因为他们具有不放弃的品质，会不断地寻找。

所谓的"走投无路"只是那些墨守成规，始终执着于过去的成功体验的人"走投无路"而已。

换句话说，**我们并不是被身处的环境和境遇左右的，而是被自己的思维习惯左右的。**

要对自己说出口的话有意识

我们经常会在无意识中跟自己说很多很多话，而这些话既可能让大脑变得积极向上，也可能让大脑变得消极低落。

举例来说，当你对自己说"不知道会不会顺利啊"和"肯定会很

说话时多用"断定句"和"现在进行时"

不坚定的表达方式

要是能成功就好了啊!

如果总是用一些不坚定的表达方式,就会给大脑留下"有可能会失败"的负面印象,导致你无法坚持到底。

"断定句"和"现在进行时"

我可以!

我正在通往成功的路上!

用"断定句"和"现在进行时"进行表达,就会给大脑一种积极的印象,就能让自己振奋精神!

无论你是坚强还是怯懦,在职场上该做的事还是得做。所以请务必提高自我激励的能力。

顺利"时,哪一句话会给予大脑积极影响呢?想必不用再说吧。

无论身处何种境况,都请坚定地说一些能让自己保持冷静的话,同时一定要用"断定句"或"现在进行时"进行表达。如果使用"要是能……就好了啊"之类不坚定的表达方式,就会给大脑留下"有可能会失败"的负面印象,导致你无法坚持到底。日常生活中要有意识地调整自己的表达习惯,这样才能不断提高自我激励的能力,然后客观地看待挑战,并享受个中趣味。

point

① 人往往会被自己的思维习惯左右。
② 请努力提高自我激励的能力!

86 努力提升"自我认知"
改变自我认知

大脑的认知是可以被改变的

要想成为"独立型人才",明确自我认知也是极为重要的。

我们的大脑只是在努力地将其所拥有的认知变为现实而已。因此,==我们的一言一行恰恰取决于我们具有什么样的认知==。

周围人眼中"工作能力强的人",是拥有清晰的自我认知的人,而众人眼中的"大小姐",给自己的定位就是"大小姐"。

一个人即使想改变自己的性格也是很难的,但是,存在于一个人脑海中的认知,则是可以被改变的。换言之,一个人==倘若不能改变自我认知,也就无法改变自己==。

如果你想继续成长,想取得优异的销售业绩,想要提高积极性的话,就先从提升自我认知,并一步一步靠近这个认知做起吧。

自我认知也会投射到我们的外在

自我认知也会投射到我们的外在,因此养成时常关注自己外在形象的习惯也很重要的。

好的外在形象并不等于昂贵的穿搭。

请认真想象一下:"我穿上这件衣服会给别人留下什么印象?""我的这身打扮会让别人产生什么样的感受?"。

我的建议是,想象5年后、10年后的自己会变成什么样,==以那个"理想中的自己"为标准斟酌自己的穿着打扮==。

从以下八个角度有意识地思考"如何展示自己?"

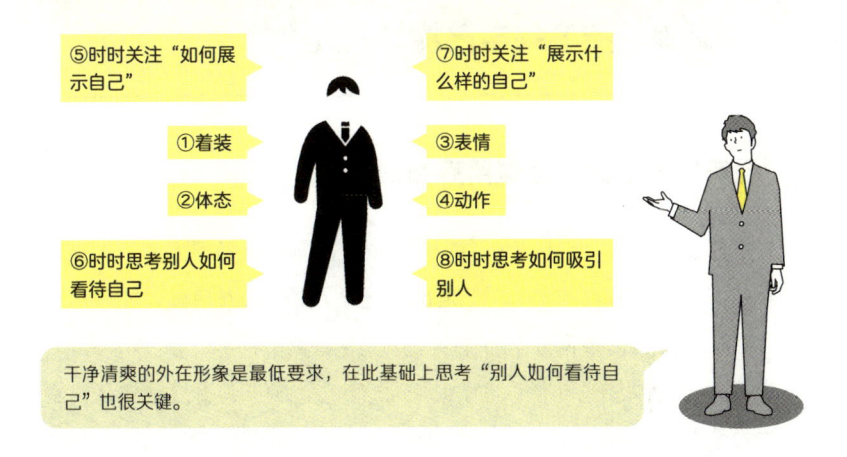

⑤时时关注"如何展示自己"

①着装

②体态

⑥时时思考别人如何看待自己

⑦时时关注"展示什么样的自己"

③表情

④动作

⑧时时思考如何吸引别人

干净清爽的外在形象是最低要求,在此基础上思考"别人如何看待自己"也很关键。

除了穿衣打扮,外在形象还包括表情、体态、动作,所以当镜子里的自己状态不太好,表情有些黯淡的时候,就努力对自己笑一笑吧。

point

① 首先要提升自我认知。
② 留意自己的外在形象也很重要。

87 比起方法，"工作能力强"的人更关注目的

明确"接下来自己能做些什么"

"没有标准答案"是理所应当的

"独立型人才"会执着于寻找"目的"，而"依赖型人才"则执着于寻找"环境"和"方法"。正是出于这个原因，"依赖型人才"很容易就会达到自己的极限。

请试着回顾你过往的人生，应该没有一个方法或手段是你认为百分之百会成功的吧，比如"只要做到这一点，肯定会顺利的""只要有……，肯定会大卖"。

倘若真的有万能且百分之百会成功的方法，那么人类社会就会变得枯燥乏味，因为在那个万能法的护佑下，所有人无须经过任何思考就能让一切变好。放弃"寻找标准答案"的念头吧。**"没有标准答案""不知该如何是好"是理所应当的**，同时也是有趣的。因为只有这样，机会对所有人来说才是平等的。

摒弃"做得到／做不到"的思维方式

请摒弃"做得到／做不到"的思维方式，因为一旦站在"做得到／做不到"的角度思考问题，那么"新的事物"也好，"从未经历过的事"也罢，都会变成做不到的事。不妨换个角度思考一下"想做还是不想做？"这个问题吧。

另外，也请摒弃"如果……"的思维方式。

偶尔会听到有人说："要是有足够的资金，这个事就肯定能做

摒弃"做得到/做不到"和"如果……"的思维方式

从"做得到/做不到"的角度思考
- 这件事之前没做过。
- 没听说有谁做成过。

倘若总是想着"做得到/做不到",那么遇到的新工作、新课题都会变成"做不到"的事。

从"如果……"的角度思考
- 如果有预算……
- 如果有时间……

倘若总是想着"如果……",那么就会一次又一次地寻找"做不到的理由",最终不断回避挑战。

大脑会忠实地回应自己说出口的话,所以就要多说"开始……",让大脑不断寻找能做成的事。

成。"但是听到这种说法的话,我会认为这个人肯定做不出一番事业。因为,即使资金的问题解决了,这种人也会一次又一次找出各种做不到的理由,比如"广告宣传费不够""没有技术""不可靠"等。

那么到底应该怎么做呢?答案是:思考如何利用现有资金,借助其他方法做成一番事业。换言之,就是明确"从现在开始这样做""从明天开始那样做",且付诸实践。**在面对从未遇到过的新课题时,关键在于学会使用"开始"一词**。

决定一切的不是"做得到/做不到",而是"想做/不想做"。如果真的"想做",那就不要关注是否具备相应的条件,而是思考"现在能做些什么?",然后立即付诸实践。

point

① 要更多地关注目的而非环境和方法。
② 思考现在能做的事,然后立即付诸实践。

88 在实践中寻找"正确答案"
面对问题,做一个雷厉风行的行动派

思考自己的目标究竟是什么

倘若始终在思考"究竟怎么做才是正确的选择?",那么要想迈出解决问题的第一步就需要花费很长时间,甚至有可能根本迈不出那一步。

一味地寻求正确答案,就会导致我们无法面对真正的自己,进而开始寻找"做不到的理由",并将"迟迟无法迈出第一步"的选择合理化。

其实根本没有必要思考"什么才是正确答案"。

我们要养成思考"我的目标究竟是什么?"的习惯,而非执着于"什么是正确的,什么又是错误的"。朝着我们的目标、理想,努力完成此刻可以做到的所有事就足够了。

先行动起来,慢慢你就会明白,一切都是最好的安排。面对问题时做一个雷厉风行的行动派比什么都重要。

努力完成此刻我们可以做到的所有事

这个世界上根本不存在还没实践就保证能成功的妙计。但是,"能做的事"和"可以做的事"却是无限多的,我们要做的就是从中选择最好的那一个。

你能想到的主意越多就越容易找到那个妙计。

无论是主意还是行为,数量越多越会在无形中提高它的质量。换

思考自己的目标究竟是什么

思考"究竟怎么做才是正确的选择?"。

我绝不能失败!必须找到正确答案!

思考"我的目标究竟是什么?"。

为了实现我的目标,先从实践这个主意开始吧!

我们要养成思考"我的目标究竟是什么?"的习惯,而非执着于"什么是正确的,什么又是错误的"。面对问题时做一个雷厉风行的行动派比什么都重要。

言之,你经历的失败越多,就越能找到有效避免失败的方法。

但是,在行动之前寻找妙计的想法几乎没有什么意义。因为如果没有任何具体的行动,而是一开始就试图找到"正确答案",那么你可能永远也找不到那个所谓的"正确答案"。

你想寻找的妙计也只有落实到具体的行动上,并有了一定的结果之后才能明白:"啊,原来那个就是我一直以来都在寻找的妙计啊。"你能做到的理由也只有在做成之后才能明白。所以,**"努力完成此刻可以做到的所有事就足够了"** 的态度是非常重要的。

point

① 以"自己的目标"为标准去思考,而不是一味地追求"正确答案"。

② 无论是主意还是行为,数量会在无形中提高它的质量。

方法 ⑨

总是把"反正"挂在嘴边，你将一事无成

"反正"二字会在无形中拉低你的能力

别再把"反正"之类的词挂在嘴边了。

因为"反正"是最容易让大脑养成负面思维习惯的词。

"这些工作反正干了也没什么意义。"

"这些事对我来说反正也是做不到的。"

"反正这些目标又完不成。"

倘若存在这种否定性的想法，那么这种想法就会成为"心理刹车"，让你无法努力。

这个道理并不仅适用于职场。

"反正"是一个能够拉低所有人能力的恶魔般的词语。

一旦把"反正"二字挂在嘴边，那么一个人无论具有多么大的潜能都无法发挥出来。

如果你也习惯说"反正"之类的词语，那就尝试换成别的词吧。

==当你在无意识中将"反正"二字说出口时，请立刻补充"说不定""等一等"之类的词语。==

如此一来，大脑就会依照你所补充的词语，形成"说不定""欸，好像能做得到"之类的正向思维。

最终章

每一天都是新的开始

据说,濒临死亡的人在回顾自己的一生时,大多数会感到后悔和遗憾:"要是能再多挑战一些新事物就好了。"但是,无论多少岁,人都可以接受新的挑战,都可以通过自身的努力和行动来改变自己的人生,因为对任何人来说,今天都是余生最年轻的一天。

89 描绘理想中的自己
自由地描绘理想中的自己

设想未来是你的自由

设想未来不以地位和金钱为前提，更没有社会阶层的限制。所以，设想未来是你的自由。

你既可以认为"真是异想天开！"或者"我这种人……"，也可以认为"我可以！"或者"我要闪闪发亮的人生"。你的任何一种想法都和眼下的环境、状况无关，只取决于你自己怎么想。

因此，请一定要描绘出我想做什么、我想尝试什么、我理想中的自己，想象着"只有我才能做得到"。

在遇到问题时，不能把问题归结于除你之外的任何人。**阻碍你实现梦想的正是你的懦弱**。所以，从现在开始，为了成为理想中的自己，去做一些力所能及的事吧。

我们只能成为"自己想成为的人"

只要有了想象力，我们就可以去到任何我们想去的地方。

但是，**一个人的成就绝不会超过他的理想**。

对未来的描绘将决定我们会拥有多少精彩的人生。现在的你应该就处于过去的你所描绘的未来。

换句话说，**正是你而并非其他人造就了现在的你自己**。

人的想象力是无限的，不要轻易给自己设限。让我们自由地描绘未来的自己，并为之奋斗吧！

一个人的成就绝不会超过他的理想

> 我真的能在这家公司干下去吗?

> 我想成为能经常去国外洽谈业务的商务人士!

> 如何描绘未来是你的自由。让我们大胆地想象:只有我才能将那些想做的事、想尝试的挑战变为现实,以及我一定能成为理想中的自己。然后为了这个目标而不懈努力吧。

正如原棒球选手落合博满在自己的书中写的那般:"没有远大抱负的人不会取得什么成就。"

职场如人生,人生如职场,我们永远都无法成为高于自己理想的人。

所以,请明确地描绘出理想中自己的样子吧!因为你只能成为你自己想成为的人。

point

① 如何描绘未来的自己取决于你自己。
② 对未来的描绘将决定我们能拥有多么精彩的人生。

90 人生需要设定高远的目标
设定一个你为之心潮澎湃的目标

你设定的目标越高远，挑战性越强就越有趣

为了成为"理想中的自己"，你设定了什么样的目标呢？大多数人都会在目前自己的能力范围和所处的环境范围内设置可以实现的目标。但是，这个可以实现的目标，真的就等同于你所描绘的理想中的自己吗？

无论周围的人说什么都没关系。就算周围的人对你冷嘲热讽，讥讽你"那绝不可能"，也不需要放在心上。不必在意他们眼中"不可能"的事，你只需要朝着理想中的自己的方向、未来想去的地方坚持不懈地努力，不断挑战自我。

==如果你也觉得自己不可能去到那个理想中的地方，那么你肯定无法到达；但是，只要你相信自己一定能到达，并锲而不舍地挑战自我，那么总有一天，你会抵达想去的地方。==

你看到自己想去的地方，看到那个目的地了吗？

请设定一个高远的目标。目标越高远，挑战起来就越有趣。一个人面对的环境、状况，以及现象在任何人眼中都是一样的，而如何解读则取决于你自己。

越苦恼，成长速度就会越快

你的目的地究竟在哪里？你想在什么时候成为什么样的人，从事什么样的工作，又想在多少岁时做成什么呢？

目标改变后，所需的装备和努力也要随之变化

- 攀登附近低矮的小山
- 攀登需要高超攀爬技术的悬崖绝壁
- 平时的着装和运动鞋应该就够了吧？
- 绳索、攀登钩、3天的水和食物……

正如爬哪座山决定你需要什么样的装备和努力一样，目标的不同决定你需要制定什么样的战略和战术。请设定一个能让你为之心潮澎湃的高远目标吧。

　　有一个明确的目的地是非常重要的。因为只要你的目的地足够明确，就能清晰地看到通往目的地的路径和方法。如果打算选用一个推进工作的方法，那么请先思考什么样的路径和方法是最适合自己的。思考实现目标的路径和方法，反复实践，然后继续思考、实践。在达成目标的路上越苦恼，你的成长速度就会越快。

point

① 目标越高远，挑战就越有趣。
② 当目的地足够明确时，就能清晰地看到通往目的地的路径和方法。

91 让梦想走向行动
实践"实现梦想所需的行动"

把梦想落实到当下力所能及的行动上

无论你拥有多么远大的梦想,或者如何为之心潮澎湃,但只要没有付诸行动,就毫无意义。要想实现梦想,就必须有具体的行动,而具体的行动,就是现在你所能做到的一切。

举例来说,假设你描绘的梦想是"创办自己的公司并成功上市",那么现在你能做的事是将自己的创意具象化,或者扎实完成现在的工作,积累公司内外的人脉并赢得信任。

要实现梦想,就必须思考"要做些什么",以及"如何做",并付诸行动。在实现梦想的道路上,存在着无数需要我们踏实勤恳去完成的琐碎工作。

倘若总是把"现在还不是最佳时机""梦想就是梦想,梦想成真的时候……"之类的话挂在嘴边,却迟迟没有付诸行动,那么不管到什么时候,梦想都只是梦想,永远不会变为现实。梦想越远大,现实和梦想的差距就越大,如果没有具体的行动,就永远无法实现梦想。

写下实现梦想需要完成的"工作"

你有没有将实现梦想需要完成的"工作"写进明天的日程安排表里呢?

请坚持在每天的日程安排表里写下"实现梦想所需要做的工作"——即使只是非常琐碎的事,完成后就用红笔画掉。被红笔画掉

绘制实现梦想的路线图

描绘梦想 → 把梦想写在纸上 → 分析实现梦想需要做些什么 → 暂定完成时间和目标

写进日程表 ← 确定明天开始要做的事 ← 确定当月要完成的目标 ← 确定半年内要完成的事

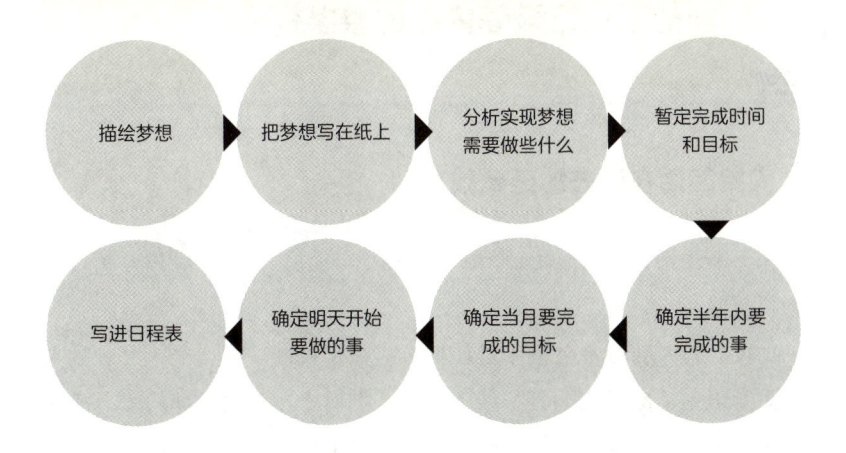

的项目越多,过去做了什么就越清晰,你继续挑战的积极性就会随之提升。

①描绘梦想→把梦想写在纸上(也可以贴上照片)→分析实现梦想需要做些什么

②暂定完成时间和目标→确定半年内要完成的事→确定当月要完成的目标

在对①和②进行实践后就能确定明天开始要做的事,把它写进明天的日程表,然后实践,完成了就用笔画掉。这种不断重复的循环就会成为铺就你梦想之路的基石。

point

将实现梦想需要完成的"工作"落实到行动上。

92 开拓自己的新领域
新的遇见打破你内心的条条框框

人始终活在过去的延长线上

在飞速发展的现代社会,我们要拥抱"速度和变化",以开拓自己的新领域。

我们的大脑通常会基于过往的数据做出判断。换言之,大多数人都无意识地活在过去的延长线上。那些拥有丰富成功经验的人,活在过去的成功带来的愉快中;而经历了多次失败的人,则活在过去的失败带来的挫折中。

那么,怎样才能开拓过往从未经历过的新领域呢?

答案就是:认识新的人,读新的书。

新的遇见会打破过往的固有认知

话虽如此,但仅凭认识新的人,读新的书还是不够的,我们需要从新的体验中学习,接受新的刺激并实践。**接触过往的记忆数据中不存在的人和知识,会打破不知何时植根于你心中的条条框框,从而使你突破过往的固有认知。**

今天也接触新的人和新鲜事物,开拓自己的新领域吧。接触新的人和新鲜事物的质量和数量会导致人生发生巨大变化。

请不要一味地追求稳定,有时也享受一下不稳定吧。当然,良好的经济条件是挑战"更多新的可能"所不可或缺的,但绝不是度过"毫无波澜的人生"所必需的。

今天并不是昨天的简单重复

成功的体验

这次依旧沿用以前成功过的方法应该就没问题！

失败的体验

之前也失败了，看来还是不行啊！

今天并不是昨天的简单重复。你要接触新的人和新的知识，度过充满挑战的每一天，才会在漫长的人生之路上一步步成长。

世上的一切事物都在随着时间的流逝而不断变化，并非始终保持在同一状态。所有人都生活在永不停止的变化中。

度过充满挑战的每一天吧。对我而言，挑战就是接触大量新的人、新的事物。你遇见了谁？和谁一起感受到了什么？能给对方回馈些什么？下一次又会遇见谁？我想，正是在这样的循环往复中，我们才会日日有所成长。

point

为了开拓自己的新领域，我们需要遇见新的人、新的事物，努力学习并付诸实践。

93 不拘泥于"和别人相同的做法"
选择方法时要以目的为导向

没有人能用相同的方法取得成功

我给自己设定的原则是：始终勇于接受挑战，用正向思维和可能性思维看待一切，解决一切。但是，无论是我设定的原则，还是我在本书中传递给大家的理念，都不是唯一的正确答案。我以自己的思维方式作为切入点创作了这本书，但最终还是希望大家能将本书所介绍的理念、观点以自己的方式进行实践。

我从 35 岁起就开始从事有关人才培养的工作，在这个过程中，也遇到了很多大众眼中的成功人士。在我积累了大量的经验之后所得到的答案是：没有人能用相同的方法取得成功。

所有成功人士都是从基础知识开始学习，从效仿他人做起的，但是慢慢地，他们会加入自己的观点，比如"我的目的是什么？""我这样做是为了谁？"，最后通过自己独创的方法收获成功。所以，大家的方法不同，取得成功的途径自然也不一致。

总而言之，和别人不同是理所应当的。

制约条件＝成长条件

举个例子，制造汽车的技术人员需要开发出现在最前沿的技术。但是，领导者对技术人员的要求是"开发新技术，保证以现有成本的一半达到两倍的成果"，那么为了达到这个目标，这项研究将贯穿技术人员的一生。他们认为，"没有开发不出来的技术"，所以一辈子都

如何找到"只属于自己的方法"

①首先学习基础知识并实践。

②在实践的过程中加入自己的想法和理念，比如"为什么而做？""为谁而做？"。

③在进一步实践和试错的循环中，找到"只属于自己的方法"。

即使每个人都拥有能够取得成功的正确方法，但这个正确方法很快就会变成老旧的方法。要想取得成功，只能不断地实践和试错，找到"只属于自己的方法"。

在不断地接受挑战。在技术人员所处的世界里——"没有不可改进的工作"，"今天的世界第一，到了明天就不再是世界第一"。

世界上有很多"没有这个，那个也做不成"之类的制约条件。但是，那只是因为人们过度拘泥于方法。**我们应该聚焦于目的而不是方法。关注目的，以目的为导向选择适配的方法，自然就能找到全新的方法。制约条件越多、越苛刻，越能让我们获得成长**。

综上，制约条件＝成长条件。

point

① 没有人能用相同的方法取得成功。
② 关注目的，以目的为导向选择适配的方法。

94 设立自己的标准
只要做好充分的准备就不会焦虑

珍惜每一项工作,努力生活

如果只是一味地思考"有什么好方法可以使用?",那么人生也不会一帆风顺。

因为压根儿就没有适用于任何人、任何事的普遍的"好方法"。

始终坚持寻找好方法或许确实能找到那个看似效率很高的方法,但是,倘若不能向身边的人提供一定的价值,而只是从外部及他人身上寻求些什么的话,那么你的人生是不会有任何改变的。

因此,我们每天要做的事就只有一件——**珍惜每一项工作,努力生活**。

也许有人会认为"这么简单吗?",我坚信,哪怕只是下定决心珍惜每一次遇见,努力生活并付诸行动,人生就能如我们所愿。

职场上总会发生各种各样的事,它们或许与我们的主观意愿无关,比如遇到一些人,做一些事,拥有梦想,等等。

人生处处有障碍,一个人只要活着就会遇到各种各样的问题。

所以,**我们要尽早想清楚"我想如何生活"**。

确定自己的原则

无论遇到什么样的事情,只要做足了准备就不会感到焦虑。同样,不管发生了什么,只要一早就明确了"我想如何生活",就可以依照自己的想法毫不犹豫地继续生活。

珍惜每一项工作，努力生活

我列举的都是与工作相关的一些原则。你也可以想出适合自己的原则。

- 拥有强烈的责任感
- 创造自己的价值
- 敢于接受挑战
- 用正向思维和可能性思维看待、解决问题
- 不断打磨速度和准确度

在职场上，"积累信任"是至关重要的。除此之外，还需要让别人对自己抱有期待——"换成他，应该能做出些成绩"，以及创造出自己的价值。

一旦决定了"如何生活"，你就将无所畏惧，这就是你自己的标准。

我曾告诉那些在补习班学习的学生：你目前境况的好坏取决于你自己，这是你自己造成的。

或许你也可以尝试设定一个只属于自己的原则，然后为之努力奋斗。

point

① 尽早想清楚"我想如何生活"。
② 你目前境况的好坏取决于你自己，这是你自己造成的。

95 人只会为没做过的事而后悔
用自己的双手改变人生

80 岁以上的人中，70% 以上都会后悔的事

据说，美国有一项针对 80 岁以上的人进行的调查：这一生中，你最后悔的事是什么？结果，70% 以上的人给出的答案都很相似，那就是：**没能接受更多挑战**。

我每年都会回顾去年一整年发生的事，在回顾时总会想到"或许能做得更多""要是当时那样做就好了"。

年轻的时候，当然也有满脑子想着"光是活着就已经够吃力的了""反正我这种人……""看来我要孤独终老了"的日子。好不容易找到工作了，结果面对工作时也曾是极其敷衍的态度，总想着"就算卖力地干活又能怎么样呢？"。

现在想想，当时的自己可真是差劲。但是，在遇见某个人时，在某一次学习、实践时，我慢慢地改变了自己的想法："要不，从头来过吧。"

话虽如此，但我在那之后的经历也并非一帆风顺。

创办了公司之后，我也曾多次遇到过"工资、管理费该从哪里出啊？""下个月应该就是极限了"之类的窘境。但是每当陷入困境时，我都会想再试一次——"日子还长着呢""只要渡过这一关"，然后不断挑战自我。

对勇气的投资足以改变人生

吸引力法则告诉我们，人的心念总是与和其一致的现实相互吸

"想做的事"是小有成就之后的思维方式

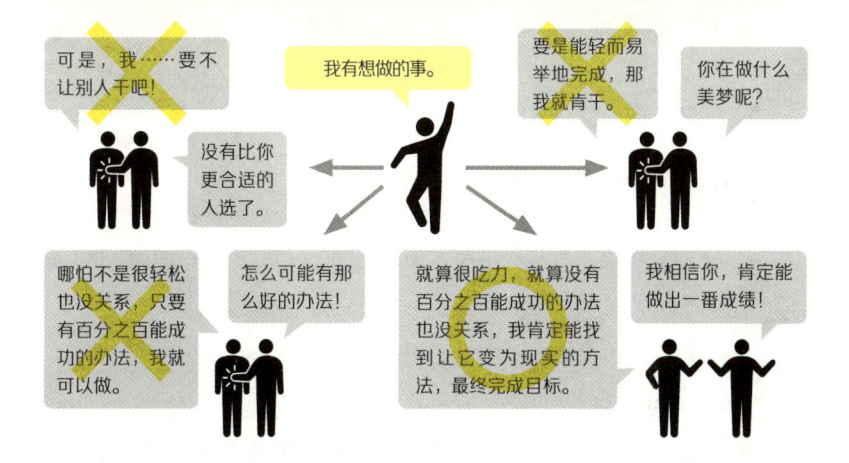

- 可是，我……要不让别人干吧！
- 我有想做的事。
- 要是能轻而易举地完成，那我就肯干。
- 你在做什么美梦呢？
- 没有比你更合适的人选了。
- 哪怕不是很轻松也没关系，只要有百分之百能成功的办法，我就可以做。
- 怎么可能有那么好的办法！
- 就算很吃力，就算没有百分之百成功的办法也没关系，我肯定能找到让它变为现实的方法，最终完成目标。
- 我相信你，肯定能做出一番成绩！

引。所以，如果你心里想着"不想干"，那么总能找到不想干的理由，就算极不情愿地干了，收获的也只会是最差的结果。相反，**如果你一心想着"我想干"，那么自然能找到主动担当和挑战的理由。只要你能主动接受挑战，就一定能做得成。**

我们每个人都会在某一天迎来死亡。现在的我已经决心要活出自我。我拥有那种即使明天就会迎来死亡，也能自信地说出"永不后悔，死而无憾"的美好人生。

我的人生，从我毫无保留地对勇气进行投资的那一刻起就有了翻天覆地的变化。我相信你一定也可以凭借自己的双手改变人生。你是"精英"，所以只能鼓起勇气接受所有挑战。

point

① 人会为"没能接受更多挑战"而后悔。
② 只要想做，你就可以找到主动担当和挑战的理由。

96 做好这5件事,助你改变人生
自我教育

浪费时间=浪费生命

不知你是否听过这样一句话:敢于浪费哪怕一个小时的人,说明他还不懂得时间的全部价值。

当被问到"生命和金钱哪个更重要?"时,大概100个人当中有100个人的回答都是"生命"。

因为丢失金钱而受到打击、情绪低落的人想必不少,而对浪费时间满不在乎的人好像也不少。但是,**如果生命是由时间所构成的话,那么浪费时间就等同于浪费生命。**

你又是怎么想的呢?

今天是我们余生最年轻的一天

1天有24小时,1周有168小时。正所谓时光如梭穿云过,倘若一个人总是浑浑噩噩地生活,那么时间就如奔腾的江水一般飞快地流走。

但是没关系,我们还有时间!

虽然我们谁也不知道自己的余生还有多少时间,但是,我们面对现实时有一点是共通的。

那就是:**今天是我们余生最年轻的一天**。

请最大限度地发挥自己每一个小时的价值。

重要的是"自我教育"

虽然时间是人无法掌控的,但我们可以掌控自己,通过积极行动让时间发挥出最大的价值。

学习可以分为两种:一种是向他人学习,一种是自我教育。后者尤为重要。

独处的时候你会做些什么?你会进行什么样的自我教育?你如何做这些事将决定你的人生和命运。

每天都是新的开始,我们要时刻铭记,今天的一言一行足以影响今后的人生,我们要不断学习,不断成长。

做好这5件事,助你改变人生

我经常会为试图"改变自己"的人提供心理咨询服务。遇到这些人时,我一般都会告诉他们:"只要您下定决心改变,那我自会助您一臂之力。"

只要对勇气稍作投资,我们的人生就会改变。为此,我们需要做好下面这5件事。

①改变人生,需要我们在细碎的日常中不断积累。坚持本身就很有意义。

②当你已经可以无意识地坚持某个习惯时,就可以培养下一个习惯了。要始终尝试新的事物。

③倘若遇到了挫折,那就设定下一个目标,不用勉强自己做那些做不到的事。了解自己的不足,并学会接受,确认自己现在所处的位置。

④绝不把失败的原因归咎于自己以外的事物,明确一切的源头都与自己有关。

⑤对他人友善，养成时时考虑他人感受的习惯。

当你开始思考"我想改变人生""不能再这样下去了""好，那就接受挑战吧！"时，你的人生就已经开始发生改变了。请记住，不管身处何时何地，也不管年龄几何，只要下定决心，你就可以改变自己的人生。

才能是反复学习才可以掌握的

我们要保持一种积极的心态——"今天你所经历的事情，都是为了让你有所成长才发生的"。只有这样才可以让自己的才能觉醒。

才能就是在无意识中被不断重复的思考、情感及行为。只要你能有意识地重复某一件事，那么不久后就算在无意识的状态下，你也能顺利将其完成。

只有经过无数次的反复，"内容"才会实现从有意识到无意识的转变。

人们常说一个人"有才"或者"无才"，其实这种说法是不恰当的，因为才能是反复学习才可以掌握的。

那么，请先明确你想掌握什么样的才能，然后反复学习，直到你真正掌握它为止吧。

point

① 重要的是"自我教育"。
② 不管身处何时何地，也不管年龄几何，只要下定决心，你就可以改变自己的人生。

参考文献

『成功する社長が身につけている52の習慣』吉井雅之　著（同文舘出版）

『習慣が10割』吉井雅之　著（すばる舎）

『人生を変える！理想の自分になる！超速！習慣化メソッド見るだけノート』吉井雅之　著（宝島社）

『知らないうちにメンタルが強くなっている！』吉井雅之　著（三笠書房）

『最短最速で理想の自分になるワザ大全！習慣化ベスト100』吉井雅之　監修（宝島社）

激发个人成长

多年以来，千千万万有经验的读者，都会定期查看熊猫君家的最新书目，挑选满足自己成长需求的新书。

读客图书以"激发个人成长"为使命，在以下三个方面为您精选优质图书：

1. 精神成长

熊猫君家精彩绝伦的小说文库和人文类图书，帮助你成为永远充满梦想、勇气和爱的人！

2. 知识结构成长

熊猫君家的历史类、社科类图书，帮助你了解从宇宙诞生、文明演变直至今日世界之形成的方方面面。

3. 工作技能成长

熊猫君家的经管类、家教类图书，指引你更好地工作、更有效率地生活，减少人生中的烦恼。

每一本读客图书都轻松好读，精彩绝伦，充满无穷阅读乐趣！

认准读客熊猫

读客所有图书，在书脊、腰封、封底和前后勒口都有"**读客熊猫**"标志。

两步帮你快速找到读客图书

1. 找读客熊猫

2. 找黑白格子

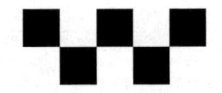

马上扫二维码，关注"**熊猫君**"

和千万读者一起成长吧！